高等职业教育"十三五"规划教材
高等职业教育计算机类专业规划教材

计算机组装与维护实践教程

蒋灏东　主　编
丁　健　副主编

电子工业出版社
Publishing House of Electronics Industry
北京·BEIJING

内 容 简 介

本书全面地介绍了计算机系统的硬件组成、软件安装与使用,以及系统维护知识,全书共 9 章,具体内容包括微型计算机基础知识、计算机硬件、计算机组装实训、BIOS 与 CMOS、硬盘分区与格式化、操作系统及驱动程序的安装、常用应用软件、系统综合测试、故障与维护。本书内容翔实、图文并茂,强调实用性,深入浅出、通俗易懂。通过系统的讲解和生动的实践,读者可以轻松地掌握计算机组装和维护的相关知识点。

本书可以作为高等院校和职业院校计算机及相关专业课程的教材,也可以作为计算机硬件、软件培训教材,或初学者学习计算机组装和维护技术知识的工具书。

未经许可,不得以任何方式复制或抄袭本书之部分或全部内容。
版权所有,侵权必究。

图书在版编目(CIP)数据

计算机组装与维护实践教程/蒋灏东主编. —北京:电子工业出版社,2019.6
ISBN 978-7-121-36151-7

Ⅰ. ①计… Ⅱ. ①蒋… Ⅲ. ①电子计算机—组装—职业教育—教材②计算机维护—职业教育—教材
Ⅳ. ①TP30

中国版本图书馆 CIP 数据核字(2019)第 048978 号

策划编辑:李 静
责任编辑:李 静　　　　　　　　　　　　　　　特约编辑:王 纲
印　　刷:三河市华成印务有限公司
装　　订:三河市华成印务有限公司
出版发行:电子工业出版社
　　　　　北京市海淀区万寿路 173 信箱　邮编 100036
开　　本:787×1092　1/16　　印张:15.25　　字数:390.4 千字
版　　次:2019 年 6 月第 1 版
印　　次:2019 年 6 月第 1 次印刷
定　　价:47.00 元

凡所购买电子工业出版社图书有缺损问题,请向购买书店调换。若书店售缺,请与本社发行部联系,联系及邮购电话:(010)88254888,88258888。
质量投诉请发邮件至 zlts@phei.com.cn,盗版侵权举报请发邮件至 dbqq@phei.com.cn。
本书咨询联系方式:(010)88254604 或 lijing@phei.com.cn。

前 言

随着经济的不断发展和科学技术的进步，计算机在现代生活中发挥着巨大的作用，已经成为人们工作、学习和生活中不可缺少的好帮手。由于计算机软、硬件技术的发展，越来越多的用户需要掌握较为全面的计算机组装和维护技能。高职高专的计算机专业教育也必须与时俱进，才能适应社会对计算机技术人才的要求。

本书包含全国计算机信息高新技术考试，微型计算机安装调试与维修——操作员级考试的重点、难点内容，兼顾计算机方面的新知识，凝聚了作者二十多年的工作经验和一线教学实践经验。本书理论联系实际，体现"做中学，学中做"的教学理念，注重动手能力的培养，课程结束即可参加全国计算机信息高新技术考试。由于计算机行业的知识更新速度较快，书本上的知识常常滞后于现实生活中的技术，因此，本书重在向学生传授计算机组装和维护的基础知识和技能，全面讲解了计算机组装和维护的原理和技术，同时教授学生获取最新知识的方法和途径，如经常访问相关网站，查看有关计算机的信息，去计算机市场获得最新硬件资料等。

全书共9章，第1章为微型计算机基础知识，第2章为计算机硬件，第3章为计算机组装实训，第4章为BIOS与CMOS，第5章为硬盘分区与格式化，第6章为操作系统及驱动程序的安装，第7章为常用应用软件，第8章为系统综合测试，第9章为故障与维护。本书内容翔实、图文并茂，强调实用性，深入浅出、通俗易懂。通过系统的讲解和生动的实践，读者可以轻松地掌握计算机组装和维护的相关知识点。

本书由蒋灏东担任主编，丁健担任副主编，其中前言、第1章、第2章、第4章、第6章由丁健编写，其他部分由蒋灏东编写，全书由蒋灏东统稿。

由于编者水平有限，书中难免存在疏漏和不足之处，恳请广大读者批评指正。

编 者
2019年4月

目　录

第 1 章　微型计算机基础知识 1
1.1　认识计算机 1
1.2　计算机发展史 1
1.3　计算机的分类 4
1.4　计算机的组成 5
1.4.1　计算机硬件系统 5
1.4.2　计算机软件系统 6
1.5　计算机工作原理 9
1.6　计算机的性能指标 10
1.7　计算机的输入/输出接口 11
1.7.1　输入/输出接口简介 11
1.7.2　输入/输出控制方式 12
1.7.3　中断系统 14
1.7.4　DMA 系统 15
1.8　计算机的应用领域 16
1.9　计算机市场与维修市场 17
1.9.1　计算机市场 17
1.9.2　计算机维修市场 19
练习题 21

第 2 章　计算机硬件 22
2.1　CPU 22
2.1.1　CPU 概述 23
2.1.2　CPU 的性能指标及常用术语 28
2.1.3　CPU 风扇 32
2.1.4　CPU 的选购 35
2.2　主板 38

- 2.2.1 认识主板 ... 38
- 2.2.2 主板的功能 ... 39
- 2.2.3 主板的分类 ... 40
- 2.2.4 主板的性能指标 ... 41
- 2.2.5 主板的结构 ... 41
- 2.2.6 主板的选购 ... 52
- 2.3 存储设备 ... 53
  - 2.3.1 内存 ... 53
  - 2.3.2 硬盘 ... 61
  - 2.3.3 光驱 ... 72
  - 2.3.4 软盘 ... 78
  - 2.3.5 U盘 ... 79
- 2.4 显示系统 ... 80
  - 2.4.1 认识显卡 ... 80
  - 2.4.2 显示器 ... 86
- 2.5 音频设备 ... 89
  - 2.5.1 声卡 ... 89
  - 2.5.2 音箱 ... 92
- 2.6 网络设备 ... 93
  - 2.6.1 网络类型及接入方式 ... 93
  - 2.6.2 网卡分类 ... 95
  - 2.6.3 调制解调器 ... 97
  - 2.6.4 集线器、交换机、路由器 ... 97
  - 2.6.5 集线器、交换机、路由器比较 ... 99
  - 2.6.6 服务器 ... 100
- 2.7 其他设备 ... 102
  - 2.7.1 键盘 ... 102
  - 2.7.2 鼠标 ... 103
  - 2.7.3 电源 ... 104
  - 2.7.4 打印机 ... 105
- 练习题 ... 106

第3章 计算机组装实训 ... 107

- 3.1 概述 ... 107
- 3.2 拆卸计算机 ... 107
  - 3.2.1 准备工具 ... 107
  - 3.2.2 拆卸顺序 ... 108
- 3.3 组装计算机 ... 113
- 3.4 计算机组装配置方案 ... 115
- 练习题 ... 117

第 4 章 BIOS 与 CMOS 118

4.1 BIOS 118
4.2 CMOS 120
4.3 BIOS 和 CMOS 的区别与联系 120
4.4 CMOS 设置 121
练习题 133

第 5 章 硬盘分区与格式化 134

5.1 概述 134
5.2 分区 134
5.2.1 分区原则 134
5.2.2 分区类型 134
5.2.3 分区的文件格式 135
5.3 分区软件 DiskGenius 136
5.3.1 安装 DiskGenius 软件 137
5.3.2 运行 DiskGenius 软件 137
5.3.3 建立分区 139
5.3.4 格式化 142
5.3.5 调整分区大小 143
5.4 Windows 7 中的分区 148
5.5 格式化的意义 151
练习题 152

第 6 章 操作系统及驱动程序的安装 153

6.1 认识操作系统 153
6.2 操作系统的安装 154
6.3 驱动程序 183
6.3.1 驱动程序的种类 183
6.3.2 驱动程序的版本 183
6.3.3 获取驱动程序 184
6.3.4 安装驱动程序 185
6.4 操作系统 DOS 命令介绍 191

第 7 章 常用应用软件 199

7.1 概述 199
7.2 软件的类别和安装方式 199
7.3 软件的安装步骤 199
7.4 应用软件安装 200
7.4.1 安装 Office 2010 200

    7.4.2 安装 Photoshop ········· 202
7.5 使用 Ghost 11 进行分区备份与恢复 ········· 204
    7.5.1 准备工作 ········· 204
    7.5.2 用 Ghost 备份分区 ········· 205
    7.5.3 用 Ghost 恢复分区 ········· 208
7.6 卸载应用软件 ········· 210
练习题 ········· 212

第 8 章 系统综合测试 ········· 213

8.1 概述 ········· 213
8.2 系统综合测试的方法和软件 ········· 213
    8.2.1 系统测试方法 ········· 213
    8.2.2 常用测试软件 ········· 213
8.3 测试软件介绍 ········· 214
    8.3.1 综合性能检测分析 ········· 214
    8.3.2 CPU 性能测试分析 ········· 217
    8.3.3 内存性能测试 ········· 220
    8.3.4 音频系统测试 ········· 220
    8.3.5 显示器性能测试 ········· 220
    8.3.6 显卡性能测试 ········· 222
练习题 ········· 222

第 9 章 故障与维护 ········· 223

9.1 概述 ········· 223
9.2 故障分类与查找方法 ········· 223
    9.2.1 故障分类 ········· 223
    9.2.2 硬件故障的查找原则 ········· 223
    9.2.3 硬件故障的查找方法 ········· 224
    9.2.4 计算机启动一条线 ········· 225
9.3 故障现象的原因 ········· 225
9.4 日常维护 ········· 229
    9.4.1 整机硬件维护 ········· 229
    9.4.2 各部件维护 ········· 230
    9.4.3 整机软件维护 ········· 230
    9.4.4 计算机维护人员的素质要求 ········· 231
练习题 ········· 231

附录 自检报警声含义 ········· 232

参考文献 ········· 234

第 1 章 微型计算机基础知识

 ## 1.1 认识计算机

计算机（Computer）俗称电脑，可以进行数值计算，又可以进行逻辑计算，是一种能按照事先存储的程序，自动、快速、高效地对各种信息进行存储和处理的现代化智能电子设备。它是一种现代化的信息处理工具，对信息进行处理并提供所需结果，其结果（输出）取决于所接收的信息（输入）及相应的程序。

计算机是 20 世纪最先进的科学技术发明之一，对人类的生产活动和社会活动产生了极其重要的影响，并以强大的生命力飞速发展。它的应用领域从最初的军事科研应用扩展到社会的各个领域，已形成了规模巨大的计算机产业，带动了全球范围的技术进步，由此引发了深刻的社会变革，计算机已遍及一般学校、企事业单位，进入寻常百姓家，成为信息社会中必不可少的工具。

 ## 1.2 计算机发展史

根据组成计算机的基本逻辑组件的不同，我们可以把计算机的发展分为五个阶段，计算机各发展阶段如图 1-1 所示。

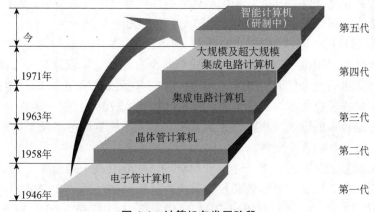

图 1-1 计算机各发展阶段

第一代：电子管计算机（1946年～20世纪50年代后期）

第一代计算机采用电子真空管及继电器作为逻辑组件构成处理器和存储器，用绝缘导线将它们连接在一起。电子管计算机与之前的机电式计算机相比，运算能力、运算速度、体积等都有了很大的进步。

1946年2月5日，美国军方出于对弹道计算的需要，世界上第一台电子计算机埃尼阿克（Electronic Numerical Integrator And Computer，ENIAC，电子数字积分计算机）诞生，如图1-2所示。埃尼阿克重达30t，占地170m^2，由18800个电子管、10000个电容、7000个电阻、6000个继电器组成，是所有现代计算机的鼻祖。

图1-2　电子计算机埃尼阿克

第一台电子计算机的诞生，宣告了人类从此进入电子计算机时代。伴随着电子器件的发展，计算机技术有了突飞猛进的发展，造就了如IBM、SUN、Microsoft等大型计算机公司，人类开始步入以电子科技为主导的新纪元。

第二代：晶体管计算机（20世纪50年代后期～20世纪60年代中期）

晶体管的发明，标志着人类科技的发展进入了一个新的电子时代。与电子管相比，晶体管具有体积小、质量轻、寿命长、发热少、功耗低、运行速度快等优点，晶体管的发明为计算机的小型化和高速化奠定了基础。采用晶体管组件代替电子管成为第二代计算机的标志。

第三代：集成电路计算机（20世纪60年代中期～20世纪70年代初）

1958年，美国物理学家基尔比（J. Kilby）和诺伊斯（N. Noyce）同时发明了集成电路，集成电路的问世催生了微电子产业，采用集成电路作为逻辑组件成为第三代计算机的最重要特征。第三代计算机的杰出代表有IBM公司的IBM 360及CRAY公司的巨型计算机。

第四代：大规模及超大规模集成电路计算机（20世纪70年代初～现在）

随着集成电路技术的迅速发展，采用大规模和超大规模集成电路及半导体存储器的第四代计算机开始进入社会的各个角落。

1971年，Intel发布了世界上第一个商业微处理器4004（其中第一个4表示它可以一次处理4位数据，第二个4代表它是这类芯片的第4种型号），每秒可执行60000次运算。

1981年8月12日，IBM正式推出IBM 5150，它的CPU是Intel公司的8088，主频为

4.77MHz，主机板上配置 64KB 的存储器，另有 5 个插槽供增加内存或连接其他外部设备用。它还配备显示器、键盘和两个软磁盘驱动器，而操作系统是微软的 DOS 1.0。IBM 将 IBM 5150 称为 Personal Computer（个人计算机），"个人计算机"的缩写 "PC" 成为所有个人计算机的代名词，个人计算机如图 1-3 所示。

图 1-3　个人计算机

新一代智能计算机习惯上称为第五代计算机，是对第四代计算机以后的各种未来型计算机的总称。它能够最大限度地模拟人类大脑的机制，具有人的智能，能够进行图像识别、研究学习和联想等。随着计算机科学技术和相关学科的发展，在不远的未来，成功研制新一代计算机的目标必定会实现。

回顾计算机的发展历程，不难看出计算机的发展趋势。现代计算机的发展正朝着巨型化、微型化的方向发展，计算机的传输和应用正朝着网络化、智能化的方向发展。如今计算机越来越广泛地应用于人们的工作、学习、生活中，对社会和人们的生活有着不可估量的影响。

① 巨型化：是指具有运算速度高、存储容量大、功能更完善等特点。
② 微型化：基于大规模和超大规模集成电路的飞速发展。
③ 网络化：计算机技术的发展已经离不开网络技术的发展。
④ 智能化：要求计算机具有人的智能，能够进行图像识别、定理证明、研究学习等。

各阶段计算机的性能指标见表 1-1。

表 1-1　各阶段计算机的性能指标

发展阶段 性能指标	第一代 1946—1958	第二代 1959—1964	第三代 1956—1970	第四代 1971—现今
逻辑部件	电子管	晶体管	中、小规模集成电路	大、超大规模集成电路
外存储器	磁芯、磁鼓	磁鼓、磁盘	大容量磁盘	软盘、硬盘、光盘
运算速度（次/秒）	几万	几万至几十万	几十万至几百万	几亿至几百亿
数据处理方式与软件	机器语言 汇编语言	高级语言 批处理操作系统	会话式语言 网络软件 分时操作系统	数据库系统 分布式操作系统 面向对象的语言系统
应用领域	尖端科技 军事领域	科学计算 管理领域	工业控制 数据处理	人类活动的各个领域出现了网络

1.3 计算机的分类

计算机种类很多，可以从不同的角度对计算机进行分类。
- 按照计算机原理分类，可分为数字式电子计算机、模拟式电子计算机和混合式电子计算机。
- 按照计算机用途分类，可分为通用计算机和专用计算机。
- 按照计算机性能分类，可分为巨型机、大型机、中型机、小型机和微型机（PC）五大类（如图1-4所示）。

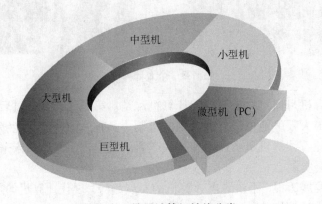

图1-4 按照计算机性能分类

- 按微机的结构形式分类可分为台式计算机和便携式计算机。

台式计算机如图1-5所示，台式计算机需要放置在桌面上，它的主机、键盘和显示器都是相互独立的，通过电缆和插头连接在一起。

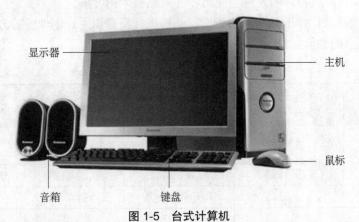

图1-5 台式计算机

便携式计算机又称笔记本电脑，如图1-6所示。它把主机、硬盘驱动器、键盘和显示器等部件组装在一起，体积只有手提包大小，并能用蓄电池供电，可以随身携带。

图 1-6 笔记本电脑

 ## 1.4 计算机的组成

一个完整的计算机系统是硬件和软件的有机结合。其中硬件系统是构成计算机系统各功能部件的集合，也是计算机完成各项工作的物质基础，包括运算器、控制器、存储器、输入/输出设备。软件系统是为了运行、管理、维护和开发计算机而编制的各种程序及相关资料的总和，主要包括系统软件和应用软件。

硬件是计算机系统的"躯体"，是计算机的物理体现，软件是计算机系统的灵魂，其发展对计算机的更新换代产生了巨大影响。没有安装任何软件的计算机通常称为"裸机"，裸机是无法工作的。硬件系统和软件系统两者是相互依存、不可分割的，二者共同构成一个完整的计算机系统，如图 1-7 所示。

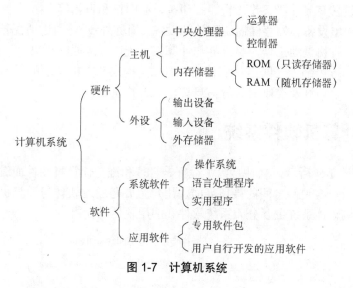

图 1-7 计算机系统

1.4.1 计算机硬件系统

1. 运算器（Arithmetical Unit，ALU）

运算器在控制器的控制下，对取自存储器的数据进行算术或逻辑运算，并将结果送回存储器。运算器一次运算二进制数的位数称为字长，主要有 8 位、16 位、32 位和 64 位等。字长是衡量 CPU 性能的重要指标之一。

2. 控制器（Control Unit，CU）

控制器的主要作用是控制各部件协调工作，使整个系统能够连续、自动地运行。控制器每次从存储器中取出一条指令，并对指令进行分析，产生操作命令并发向各个部件，接着从存储器取出下一条指令，再执行这条指令，依次类推，从而使计算机能自动运行。

在现代计算机中，运算器和控制器被集成在一块集成电路芯片上，称为中央处理器（Central Processing Unit，CPU），是计算机的核心部件。

3. 存储器（Memory）

存储器是用来存储程序和数据的部件，分为内存储器（内存）和外存储器（外存，也称辅助存储器）两种。内存主要存放当前要运行的程序和数据，断电后数据会丢失。外存有硬盘、光盘、磁带机和U盘等，用来存储暂时用不到的程序和数据，断电后数据不会丢失。

4. 输入设备（Input Device）

输入设备可以把程序、数据、图形、声音或控制指令等信息，转换成计算机能接收和识别的信息并传输给计算机。目前常用的输入设备有键盘、鼠标、扫描仪、音视频采集设备（话筒、摄像头）等。

5. 输出设备（Output Device）

输出设备能将计算机运算结果（二进制信息）转换成人类或其他设备能接收和识别的内容。常用的输出设备有显示器、投影机、打印机、绘图仪和音箱等。

输入设备、输出设备和外存储器统称外部设备（简称外设），通过适配器与主机联系，使主机和外围设备并行协调地工作，是外界与计算机系统进行沟通的桥梁。

计算机硬件的五个部分之间由总线相连。总线是构成计算机系统的骨架，是系统部件之间进行数据、指令、地址及控制信号等信息传输的公共通路。

1.4.2 计算机软件系统

软件系统如图 1-8 所示，软件是为了运行、管理和维护计算机硬件而编写的程序和各种文档的总和，是用户与硬件之间的接口界面，用户主要是通过软件与计算机进行交流。按其功能不同，计算机软件系统主要分为系统软件和应用软件两大类。

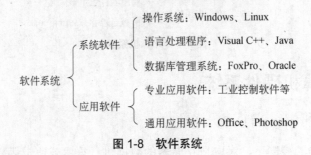

图 1-8 软件系统

1. 系统软件

系统软件是指控制和协调计算机及外部设备，支持应用的软件开发和运行的系统，是无须用户干预的各种程序的集合，其主要功能是调度、监控和维护计算机系统，负责管理计算机系统中各种独立的硬件。系统软件主要包括操作系统（Operating System，OS）、程序设计语言、语言处理程序、服务性程序、数据库管理系统，系统软件如图 1-9 所示。

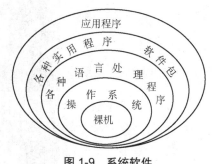

图 1-9 系统软件

（1）操作系统是计算机软件中最重要的程序，是用来管理和控制计算机系统中硬件和软件资源的大型程序，同时也是计算机系统的内核与基石。它的职责包括对硬件的直接监管、对各种计算资源（如内存、处理器时间等）的管理，以及提供作业管理等面向应用程序的服务，如 DOS、Windows XP、Windows 7、Linux、UNIX、Netware、Mac OS 等。操作系统如图 1-10 所示。

Windows 操作系统的位数与 CPU 的位数相关，从以前的 8 位到现在的 64 位，8 位是指一个时钟周期内可并行处理 8 位二进制字符 0 或 1，64 位指可并行处理 64 位二进制字符。

（2）程序设计语言就是用户用来编写程序的语言，它是人与计算机之间交换信息的工具。程序设计语言是软件系统的重要组成部分。一般可分为机器语言、汇编语言和高级语言三类。

① 机器语言。

20 世纪 40 年代，计算机刚刚问世的时候，程序员必须手动控制计算机，但这项工作过于复杂，很少有人能掌握。当时的计算机十分昂贵，主要用于军事方面。随着计算机的价格大幅度下跌，为了让更多的人能控制计算机，科学家发明了机器语言，机器语言是用一组 0 和 1 组成的代码符号替代手工拨动开关来控制计算机，用二进制代码"0"和"1"形式表示的，能被计算机直接识别和执行的语言。机器语言的执行速度快，但它的二进制代码会随 CPU 型号的不同而不同，并且不便于人们的记忆、阅读和书写，所以通常不用机器语言编写程序。

② 汇编语言。

由于机器语言枯燥、难以理解，人们便用英文字母代替特定的 0、1 代码，形成了汇编语言，相比于机器语言，汇编语言更容易学习。汇编语言是一种使用助记符表示的面向机器的程序设计语言。每条汇编语言的指令对应一条机器语言的代码，不同型号的计算机系统一般有不同的汇编语言。

③ 高级语言。

机器语言和汇编语言都是面向机器的语言，一般称为低级语言。由于它们对计算机的依赖性大，程序的通用性差，要求程序员必须了解计算机硬件的细节，因此它们只适合计算机专业人员使用。为了解决上述问题，满足广大非专业人员的编程需求，高级语言应运而生。高级语言是一种比较接近自然语言（英语）和数学表达式的一种计算机程序设计语言，其与具体的计算机硬件无关，易于人们接受和掌握。常用的高级语言有 C++、Java、C#、VC、VB、Pascal 等，这些语言的语法、命令格式都各不相同。其中 Java 是目前使用最广泛的网络编程语言之一，它具有简单、面向对象、稳定、与平台无关、多线程、动态等特点。任何高级语言编写的程序都不能直接被计算机识别，必须经过转换、翻译成机器语言程序后才能被计算机执行，与低级语言相比，用高级语言编写的程序的执行时间和效率要差一些。

（3）语言处理程序。语言处理程序即语言程序的翻译，由于计算机硬件只能识别机器指令，用助记符表示的汇编语言指令和高级语言编写的程序是不能直接执行的，要执行语言编写的程序，必须先用一个程序将语言程序翻译成机器语言，才能被计算机执行，用于翻译的

DOS

Windows

Linux

图 1-10　操作系统

程序称为语言处理程序，语言处理程序工作过程如图 1-11 所示。用高级语言编写的程序称为源程序，翻译后得到的机器语言程序称为目标程序。

（4）各种服务性程序，是指为了帮助用户使用与维护计算机，提供服务性手段，支持其他软件开发，而编制的一类程序，主要有以下几种：工具软件、编辑程序、调试程序、诊断程序等。

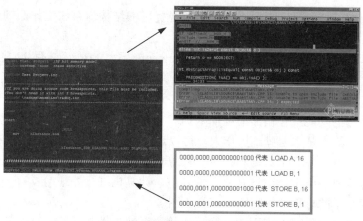

图 1-11 语言处理程序工作过程

（5）数据库管理系统（Data Base System，DBS），是对计算机中所存放的大量数据进行组织、管理、查询并提供一定处理功能的大型系统软件。一个完整的数据库系统由数据库（DB）、数据库管理系统（Data Base Management System，DBMS）和用户应用程序三部分组成。数据库管理系统按照其管理数据库的组织方式分为三大类：关系型数据库、网络型数据库和层次型数据库。目前，常用的数据库系统有 Access、SQL Server、MySQL、Oracle、Informix、FoxPro 等。

2．应用软件

除系统软件以外的所有软件都称为应用软件，是由计算机生产厂家或软件公司为满足用户不同领域、不同问题的应用需求而专门研制的应用程序，如文字处理程序、电子表格处理程序、软件开发程序、用户应用程序等。

应用软件按照用途的不同可分为以下几种：

（1）用于科学计算方面的数学计算软件、统计软件等。

（2）办公软件，如 Office、WPS 等。

（3）图形图像处理软件，如 Flash、CorelDraw、Painter、3DS MAX、MAYA 等。

（4）计算机辅助设计软件：AutoCAD、Photoshop、Fireworks 等。

（5）媒体播放软件，如暴风影音、豪杰超级解霸、Windows Media Player、RealPlayer 等。

（6）音乐播放软件，如酷我音乐、酷狗音乐等。

（7）下载管理软件，如迅雷、网际快车、超级旋风等。

（8）杀毒软件，如 360 安全卫士、瑞星、金山毒霸、卡巴斯基等。

（9）网络聊天软件，如 QQ、MSN、微信等。

（10）解压缩软件，如 WinRAR、好压等。

（11）各种财务管理软件、税务管理软件、工业控制软件、辅助教育软件、娱乐游戏软件等。

 ## 1.5 计算机工作原理

计算机之所以能高速、自动地进行各种操作，一个重要的原因就是采用了冯·诺依曼提出的存储程序和过程控制的思想。虽然计算机的制造技术从出现到现在已经发生了翻天覆地的变化，但所有电子计算机一直沿用冯·诺依曼提出的结构体系和工作原理，称为"冯·诺依曼型计算机"。

计算机奠基人——冯·诺依曼（John Von Neumann）于 1903 年 12 月 28 日生于匈牙利布达佩斯的一个犹太人家庭，是著名的美籍匈牙利数学家。冯·诺依曼型计算机的主要思想如下。

（1）计算机硬件系统由五个基本部分组成：运算器、控制器、存储器、输入设备和输出设备。各基本部分的功能：存储器能存储数据和指令，控制器能自动执行指令，运算器可以进行加、减、乘、除等基本运算，操作人员可以通过输入、输出设备与主机进行通信。

（2）采用二进制数来表示数据和指令。计算机的指令和数据都以二进制数存放在主存储器储器中，在计算机科学中，数据是用于输入电子计算机进行处理，具有一定意义的数字、字母、符号和模拟量的总称，如文字、声音、图像等。

计算机指令是计算机所能识别并执行操作的一系列二进制代码，是对计算机进行程序控制的最小单位，是指挥计算机工作的指示和命令，程序就是一系列按一定顺序排列的指令，执行程序的过程就是计算机的工作过程。

（3）采用"存储程序和过程控制"的结构模式，将程序预先存储在计算机中。计算机自动地逐步执行程序，在程序执行过程中，计算机根据上一步的处理结果，能运用逻辑判断能力自动决定下一步应该执行哪一条指令。

计算机的基本工作原理可以简单概括为输入、处理、输出和存储四个步骤。我们可以利用输入设备（键盘或鼠标等）将数据或指令"输入"计算机，然后由中央处理器（CPU）发出命令进行数据的"处理"工作，最后，计算机会把处理的结果"输出"至屏幕、音箱或打印机等输出设备。而且，由 CPU 处理的结果也可送到存储设备中进行"存储"，以便日后再次使用它们。这四个步骤组成一个循环过程，输入、处理、输出和存储并不是一定按照顺序操作，而是在程序的指挥下，计算机根据需要决定执行哪一个步骤。计算机的工作原理如图 1-12 所示。中央处理器包括了运算器和控制器。

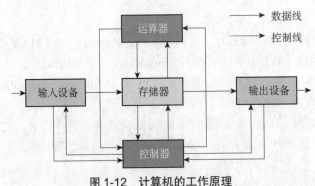

图 1-12　计算机的工作原理

 ## 1.6　计算机的性能指标

对计算机进行系统配置时，首先要了解计算机系统的主要技术指标。衡量计算机性能的指标主要有以下几个。

（1）字长：字长是 CPU 能够直接处理的二进制数据位数，它直接关系到计算机的计算精度、功能和运算速度。字长越长，处理能力就越强，精度就越高，运算速度也就越快。

（2）主频：主频是指计算机的时钟频率，单位用兆赫兹（MHz）或吉赫兹（GHz）表示。

（3）运算速度：运算速度是指计算机每秒所能执行的指令条数，一般以 MIPS（Million Instructions Per Second，每秒百万条指令）为单位。

（4）内存容量：内存容量是指内存储器中能够存储信息的总字节数，一般以 MB、GB 为单位。

（5）外设配置：指计算机的输入/输出设备。

（6）软件配置：包括操作系统、计算机语言、数据库语言、数据库管理系统、网络通信软件、汉字支持软件及其他各种应用软件。

1.7　计算机的输入/输出接口

计算机输入/输出接口是CPU与外部设备之间交换信息的连接电路，它们通过总线与CPU相连，简称I/O接口。I/O接口分为总线接口和通信接口两类。

1.7.1　输入/输出接口简介

计算机输入/输出接口用于外部设备或用户电路与CPU之间进行数据、信息交换及控制，计算机使用时应使用微型计算机总线把外部设备和用户电路连接起来，需要使用微型计算机总线接口；微型计算机系统与其他系统直接进行数字通信时使用通信接口。

总线接口是把微型计算机总线通过电路插座提供给用户的一种总线插座，供插入各种功能卡。插座的各个引脚与微型计算机总线的相应信号线相连，用户只要按照总线排列的顺序制作外部设备或用户电路的插线板，即可实现外部设备或用户电路与系统总线的连接，使外部设备或用户电路与微型计算机系统成为一体。

常用的总线接口有 AT 总线接口、PCI 总线接口、IDE 总线接口等。AT 总线接口多用于连接 16 位微型计算机系统中的外部设备，如 16 位声卡、低速的显示适配器、16 位数据采集卡及网卡等。PCI 总线接口用于连接 32 位微型计算机系统中的外部设备，如 3D 显示卡、高速数据采集卡等。IDE 总线接口主要用于连接各种磁盘和光盘驱动器，可以提高系统的数据交换速度和能力。通信接口是指微型计算机系统与其他系统直接进行数字通信的接口电路，通常分为串行通信接口和并行通信接口两种，即串口和并口。串口用于把 MODEM 等这种低速外部设备与微型计算机连接，传送信息的方式是逐位依次进行的。串口的标准是 EIA（Electronics Industry Association，电子工业协会）RS—232C 标准。串口的连接器有 D 型 9 针插座和 D 型 25 针插座两种，位于计算机主机箱的后面板上，鼠标就连接在这种串口上。并行接口多用于连接打印机等高速外部设备，传送信息的方式是按字节进行，即 8 个二进制位同时传送。PC 使用的并口为标准并口 Centronics。打印机一般采用并口与计算机通信，并口也位于计算机主机箱的后面板上。I/O 接口一般做成电路插卡的形式，所以通常称为适配卡，如软盘驱动器适配卡、硬盘驱动器适配卡（IDE 接口）、并行打印机适配卡（并口）、串行通信适配卡（串口），还包括显示接口、音频接口、网卡接口（RJ45 接口）、调制解调器使用的电话接口（RJ11 接口）等。在 386 以上的微型计算机系统中，通常将这些适配卡做在一块电路板上，称为复合适配卡或多功能适配卡，简称多功能卡。

1.7.2 输入/输出控制方式

外部设备要与存储器进行数据交换，则必须通过 CPU 执行输入/输出指令及存储器读写指令来完成。CPU 管理外围设备的输入/输出控制方式有五种：查询方式、中断方式、DMA 方式（直接内存存取）、通道方式、外围处理机方式，前两种方式由软件实现，后三种方式由硬件实现。

1. 查询方式

查询方式是通过执行输入/输出查询程序来完成数据传送的。

工作原理是：当 CPU 启动外设工作后，不断地读取外设的状态信息进行测试，查询外设是否准备就绪，如外设准备好，则可以进行数据传送；否则，CPU 继续读取外设的状态信息进行查询等待，直到外设准备好。

查询方式需要 CPU 不断使用指令检测来获取外设工作状态。CPU 与外围设备的数据交换完全依赖于计算机的程序控制，在进行信息交换之前，CPU 要设置传输参数、长度等，然后启动外设工作；外设则进行数据传输的准备工作，在外设准备数据时间里，CPU 除循环检测外设是否已准备好外，不能处理其他业务，只能一直等待；直到外设完成数据准备工作，CPU 才能开始进行信息交换，造成 CPU 的运行效率极低。

查询方式的特点：

（1）CPU 的操作和外围设备的操作能够完全同步，硬件结构也比较简单。

（2）造成 CPU 的运行效率极低。

在当前的实际应用中，除单片机外，已经很少使用程序查询方式了。

2. 中断方式

中断方式是一种硬件和软件相结合的技术，中断请求和处理依赖于中断控制逻辑，而数据传送则是通过执行中断服务程序来实现的。

中断是主机在执行程序过程中，遇到突发事件而中断正在执行的程序，转而对突发事件进行处理，待处理完后继续原程序的执行。当一个中断发生时，外设发出"中断请求"，CPU 暂停其现行程序，保护程序断点地址，把中断处理程序入口地址送入寄存器中进行中断响应，转而执行中断处理程序，完成数据 I/O 工作，也就是中断处理；当中断处理完毕后，CPU 又返回原来的任务，并从暂停处继续执行程序，也就是把中断响应保存起来的断点地址重新送回指令指针寄存器，进行中断返回操作。

中断方式的特点：

（1）在外设工作期间，CPU 无须等待，可以处理其他任务，CPU 与外设可以并行工作，既提高了系统效率，又能满足实时信息处理的需要。节省了 CPU 时间，是管理 I/O 操作的一个比较有效的方法。

（2）与程序查询方式相比，程序中断方式的硬件结构相对复杂一些，服务成本较大。

中断方式一般适用于随机出现的服务，并且一旦提出要求，立即执行。

3. DMA 方式

采用中断方式可以提高 CPU 的利用率，但有些 I/O 设备（如磁盘、光盘等）需要高速而频繁地与存储器进行批量的数据交换，此时中断方式已不能满足速度上的要求。而 DMA（Direct Memory Access，直接存储器访问）方式是一种完全由硬件执行 I/O 交换的工作方式，可以在存储器与外设之间开辟一条高速数据通道，使外设与存储器之间可以直接进行批量数据传送。

实现 DMA 传送，要求 CPU 让出系统总线的控制权，然后由专用硬件设备（DMA 控制器）来控制外设与存储器之间的数据传送。DMA 控制器一端与外设连接，另一端与 CPU 连接，由它控制存储器与高速 I/O 设备之间直接进行数据传送。

DMA 方式的特点：

（1）在数据传送过程中，DMA 控制器从 CPU 完全接管对总线的控制权，由 DMA 控制器参与工作，不需要 CPU 的干预，数据交换不经过 CPU 而直接在主存储器和外围设备之间进行，能高速传送数据。

（2）批量数据传送时效率很高，传送速率仅受限于主存储器的访问时间，通常用于高速 I/O 设备与内存之间的数据传送。

（3）与程序中断方式相比，这种方式需要更多的硬件，适用于主存储器和高速外围设备之间大批量数据交换的场合。

4. 通道方式

通道是一个具有特殊功能的处理器，称为输入/输出处理器（IOP），它分担了 CPU 的一部分功能，可以实现对外围设备的统一管理，完成外围设备与主存储器之间的数据传送。

通道方式的特点：

（1）DMA 方式的出现减轻了 CPU 对 I/O 操作的控制，使得 CPU 的效率显著提高，而通道的出现则进一步提高了 CPU 的效率。

（2）这种效率的提高是以增加更多的硬件为代价的。

5. 外围处理机方式

外围处理机方式（Peripheral Processor Unit，PPU）是通道方式的进一步发展，基本上独立于主机工作。它的结构更接近于一般的处理机，甚至就是微型计算机。在一些系统中，设置了多台 PPU，分别承担 I/O 控制、通信、维护诊断等任务，从某种意义上说，这种系统已经变成了分布式多机系统。

外围处理机方式的特点：

（1）外围处理机基本上独立于主机，使得计算机系统结构有了质的飞跃，由功能集中式发展为功能分散式的分布式系统。

（2）能分析、处理较复杂的工作。

查询方式和中断方式适用于数据传输速率比较低的外围设备，而 DMA 方式、通道方式和外围处理机方式适用于数据传输速率比较高的外围设备。

1.7.3 中断系统

中断装置和中断处理程序统称中断系统。中断系统是计算机的重要组成部分。实时控制、故障自动处理、计算机与外围设备间的数据传送往往采用中断系统。中断系统的应用大大提高了计算机效率。

1. 中断响应过程

当 CPU 收到中断请求后，能根据具体情况决定是否响应中断，如果 CPU 没有更急、更重要的工作，则在执行完当前指令后，响应这一中断请求。CPU 中断响应过程如下：首先，将断点处的 PC 值（即下一条应执行指令的地址）送入堆栈保留下来，称为保护断点，由硬件自动执行。然后，将有关的寄存器内容和标志位状态送入堆栈保留下来，称为保护现场，由用户自己编程完成。保护断点和现场后即可执行中断服务程序，执行完毕，CPU 由中断服务程序返回主程序。中断返回过程：首先恢复原保留寄存器的内容和标志位的状态，称为恢复现场，由用户编程完成。然后，使用返回指令 RETI，RETI 指令的功能是恢复 PC 值，使 CPU 返回断点，称为恢复断点。恢复现场和断点后，CPU 将继续执行原主程序，中断响应过程结束。

2. 中断的分类

1）硬件中断（Hardware Interrupt）

（1）可屏蔽中断（Maskable Interrupt）：硬件中断的一类，可通过在中断屏蔽寄存器中设定位掩码来关闭。

（2）非可屏蔽中断（Non-Maskable Interrupt，NMI）：硬件中断的一类，无法通过在中断屏蔽寄存器中设定位掩码来关闭。典型例子是时钟中断（一个硬件时钟以恒定频率（如 50Hz）发出的中断）。

（3）处理器间中断（Interprocessor Interrupt）：一种特殊的硬件中断。由处理器发出，被其他处理器接收，仅见于多处理器系统，以便于处理器间通信或同步。

（4）伪中断（Spurious Interrupt）：一类不希望产生的硬件中断。发生的原因有很多种，如中断线路上电气信号异常，或中断请求设备本身有问题。

2）软件中断（Software Interrupt）

软件中断是一条 CPU 指令，用于自陷一个中断。由于软件中断指令通常要运行一个切换 CPU 至内核态（Kernel Mode/Ring 0）的子例程，它常被用于实现系统调用（System Call）。

3. IRQ 中断请求

IRQ 全称为 Interrupt Request，即"中断请求"，中断请求号也叫中断号或中断类型号。外部设备进行 I/O 操作时，会随机产生中断请求信号。这个信号中会有特定的标志，使计算机能够判断是哪个设备提出中断请求，这个信号就叫作中断号。

在每台计算机的系统中，由一个中断控制器 8259 或 8259A 的芯片（现在此芯片大都集成到其他芯片内）来控制系统中每个硬件的中断控制。目前共有 16 组 IRQ，去掉其中用于桥接的一组 IRQ，实际上只有 15 组 IRQ 可供硬件调用。

4. 中断的功能

现代计算机中采用中断系统的主要目的如下。

（1）提高计算机系统效率。

计算机系统中处理机的工作速度远高于外围设备的工作速度。通过中断可以协调它们之间的工作。当外围设备需要与处理机交换信息时，由外围设备向处理机发出中断请求，处理机及时响应并进行相应处理。不交换信息时，处理机和外围设备处于各自独立的并行工作状态。

（2）维持系统可靠正常工作。

现代计算机中，程序员不能直接干预和操纵计算机，必须通过中断系统向操作系统发出请求，由操作系统来实现人为干预。主存储器中往往有多道程序和各自的存储空间。在程序运行过程中，如出现越界访问，有可能引起程序混乱或相互破坏信息。为避免这类事件的发生，由存储管理部件进行监测，一旦发生越界访问，向处理机发出中断请求，处理机立即采取保护措施。

（3）满足实时处理要求。

在实时系统中，各种监测和控制装置随机地向处理机发出中断请求，处理机随时响应并进行处理。

（4）提供故障现场处理手段。

处理机中设有各种故障检测和错误诊断的部件，一旦发现故障或错误，立即发出中断请求，进行故障现场记录和隔离，为进一步处理提供必要的依据。

1.7.4 DMA 系统

要把外设的数据读入内存或把内存的数据传送到外设，一般都要通过 CPU 控制完成，如 CPU 程序查询或中断方式。利用中断进行数据传送，可以大大提高 CPU 的利用率。但是采用中断传送有它的缺点，对于一个高速 I/O 设备，以及批量交换数据的情况，只能采用 DMA 方式，才能解决效率和速度问题。数据传输操作在一个称为"DMA 控制器"的控制下进行。CPU 除在数据传输开始和结束时进行一些处理以外，在传输过程中 CPU 可以进行其他的工作。这样，在大部分时间里，CPU 和输入/输出都处于并行操作状态。因此，使整个计算机系统的效率大大提高。

DMA 的英文全称是"Direct Memory Access"，其意思是"直接存储器访问"，是一种不经过 CPU 而直接从内存中存取数据的数据交换模式。PIO（Programming Input/Output Model）模式下硬盘和内存之间的数据传输是由 CPU 来控制的；而在 DMA 模式下，CPU 只需向 DMA 控制器下达指令，让 DMA 控制器来处理数据的传送，数据传送完毕再把信息反馈给 CPU，这样就很大程度上节省了 CPU 的资源。

直接存储器存取主要用于快速设备和主存储器成批交换数据的场合。把数据的传输过程交由一块专用的 DMA 控制器来控制，DMA 控制器代替 CPU 在快速设备与主存储器之间直接传输数据，DMA 控制器是一种在系统内部转移数据的独特外设，可以将其视为一种能够通过一组专用总线将内部和外部存储器与每个具有 DMA 能力的外设连接起来的控制器。它之所以属于外设，是因为它是在处理器的编程控制下执行传输的。值得注意的是，通常只有数据流量较大的外设才需要支持 DMA 能力，这些应用方面典型的例子包括视频、音频和网络接口。

一般而言，DMA 控制器将包括一条地址总线、一条数据总线和控制寄存器。高效率的 DMA 控制器将具有访问其所需要的任意资源的能力，而无须处理器本身的介入，它必须能产生中断。最后，它必须能在控制器内部计算出地址。

一个处理器可以包含多个 DMA 控制器。每个控制器有多个 DMA 通道，以及多条直接与存储器站（Memory Bank）和外设连接的总线。在很多高性能处理器中集成了两种类型的 DMA 控制器。第一类通常称为"系统 DMA 控制器"，可以实现对任何资源（外设和存储器）的访问，以 ADI 的 Blackfin 处理器为例，频率最高可达 133MHz；第二类称为内部存储器 DMA 控制器（IMDMA），专门用于内部存储器所处位置之间的相互存取操作。因为存取都发生在内部（L1—L1、L1—L2 或 L2—L2），速度可以超过 600MHz。

1.8 计算机的应用领域

计算机的高速发展全面促进了计算机的应用。在当今信息社会中，计算机的应用极其广泛，已遍及经济、政治、军事及社会生活的各个领域。计算机的具体应用可以归纳为以下几个方面。

(1) 科学计算。

科学计算又称数值计算，是计算机最早的应用领域。同人工计算相比，计算机不仅速度快，而且精度高。利用计算机的高速运算和大容量存储的能力，可进行人工难以完成或根本无法完成的各种数值计算。其中一个著名的例子是圆周率值的计算。美国一位数学家在 1873 年宣称，他花了 15 年的时间把圆周率的值计算到小数点后 707 位。111 年之后，日本有人宣称用计算机将圆周率值计算到小数点后 1000 万位，只用了 24 小时。对要求限时完成的计算，使用计算机可以赢得宝贵时间。如天气预报，人工计算天气情况就需要几个星期，这就失去了时效性。若改用高性能的计算机系统，取得 10 天的预报数据只需要计算几分钟，这就使中、长期天气预报成为可能。科学计算是计算机成熟的应用领域。

(2) 数据处理。

数据处理又称信息处理，是目前计算机应用的主要领域。在信息社会中需要对大量的、以各种形式表示的信息资源进行处理，计算机因其具备的种种特点，自然成为处理信息的得力工具。早在 20 世纪 50 年代，就把登记、统计账目等单调的事务工作交给计算机处理了。20 世纪 60 年代初期，银行、大企业和政府机关纷纷用计算机来处理账册、管理仓库或统计报表，从数据的收集、存储、整理到检索统计，应用的范围日益扩大。数据处理很快就超过了科学计算，成为最广泛的计算机应用领域。

(3) 自动控制。

自动控制也称过程控制或实时控制，是指用计算机作为控制部件对生产设备或整个生产过程进行控制。其工作过程：首先用传感器在现场采集受控对象的数据，求出它们与设定数据的偏差；接着由计算机按控制模型进行计算；然后产生相应的控制信号，驱动伺服装置对受控对象进行控制或调整。

(4) 计算机辅助功能。

计算机辅助功能是指能够部分或全部代替人完成各项工作，目前主要包括计算机辅助设计、计算机辅助制造、计算机辅助测试和计算机辅助教学。

① 计算机辅助设计（Computer Aided Design，CAD）。CAD 可以帮助设计人员进行工程或产品的设计工作，采用 CAD 能够提高工作的自动化程度，缩短设计周期，并达到最佳的设计效果。目前，CAD 技术广泛应用于机械、电子、航空、船舶、汽车、纺织、服装、化工、建筑等行业，已成为现代计算机应用中最活跃的领域之一。

② 计算机辅助制造（Computer Aided Manufacturing，CAM）。CAM 是指用计算机来管理、计划和控制加工设备的操作。采用 CAM 技术可以提高产品质量、缩短生产周期、提高生产效率、降低劳动强度，并改善生产人员的工作条件。

计算机辅助设计和计算机辅助制造结合产生了 CAD/CAM 一体化生产系统，再进一步发展，则形成计算机集成制造系统（Computer Integrated Manufacturing System，CIMS），CIMS 是制造业的未来。

③ 计算机辅助测试（Computer Aided Test，CAT）。CAT 是指利用计算机协助对学生的学习效果进行测试和学习能力估量，一般分为脱机测试和联机测试两种方法。

脱机测试是由计算机从预置的题目库中按教师规定的要求挑选出一组适当的题目，打印成试卷，给学生回答后，进行评卷和评分，标准答案在计算机中早已存储。联机测试是从计算机的题目库中逐个地选出题目，并通过显示器和输出打印机等交互手段向学生提问，学生将自己的回答通过键盘等输入设备送入计算机，由计算机批阅并评分。

④ 计算机辅助教学（Computer Aided Instruction，CAI）。CAI 是指利用计算机来辅助教学工作。CAI 改变了传统的教学模式，它使用计算机作为教学工具，把教学内容编制成教学软件——课件。学习者可根据自己的需要和爱好选择不同的内容，在计算机的帮助下学习，实现教学内容的多样化和形象化。随着计算机网络技术的不断发展，特别是全球计算机网络 Internet 的实现，计算机远程教育已成为当今计算机应用技术发展的主要方向之一，它有助于构建个人的终生教育体系，是现代教育中的一种教学模式。

（5）人工智能。

人工智能（Artificial Intelligence，AI），是指用计算机来模拟人的智能，代替人的部分脑力劳动。人工智能既是计算机当前的重要应用领域，也是今后计算机发展的主要方向。20 余年来，围绕 AI 的应用主要表现在以下几个方面。

① 机器人。机器人诞生于美国，但发展最快的是日本。机器人可分为两类，一类叫"工业机器人"，事先编制好过程控制，只能完成规定的重复动作，通常用于车间的生产流水线上；另一类叫"智能机器人"，具有一定的感知和识别能力，能说话和回答一些简单问题。

② 定理证明。借助计算机来证明数学猜想或定理，这是一项难度极大的人工智能应用。最著名的例子是四色猜想的证明。

　1.9　计算机市场与维修市场

1.9.1　计算机市场

1. 品牌机

在计算机市场中品牌机是指有明确品牌标识的计算机，它是由公司组装起来的计算机，经过兼容性测试并正式对外出售，有质量保证及完整的售后服务，如戴尔（Dell）、联想（Lenovo）、惠普（HP）、华硕（Asus）、英特尔（Intel）、三星（Samsung）、苹果（Apple）、宏碁（Acer）、TCL等。

品牌机类型大致分为以下四种。

家用机：以游戏为主，突出游戏性能，而且追求个性化外观。

笔记本电脑：便携式计算机，体积小，方便携带，用途广泛。

商用机：以办公为主，一般多选用Intel平台，注重硬件稳定性。

服务器：除特定维护外，可以长年不休地工作，所以对硬件要求非常高，一般采用服务器专用配置。

品牌机的适用对象是对性能要求不高的办公、企事业单位，品牌机的主要优点是稳定性高、质量过硬及售后服务较完善。

2. 兼容机

兼容机是指用户根据自己的实际需要，选择计算机相应的硬件来配置计算机，即非厂家原装，由个体配件装配而成的计算机，其中的元件可以是同一厂家出品的，也可以是整合各家之长的元件。

兼容机的适用对象是普通家庭用户，主要优点是价格低、组装随意和升级方便，可以根据自己的需要选择不同档次的配置。计算机的稳定性由选择配件的质量好坏和组装人员的水平来决定。

3. 品牌机和兼容机的比较

品牌机是由正规的电脑厂商生产、带有全系列服务的整机，而兼容机主要是消费者进行配件采购后动手组装的计算机，品牌机和兼容机各有千秋，用户可以根据自己的需要进行选择，品牌机与兼容机之间的区别主要有以下几个方面。

1）稳定性

品牌机的配件采用大批量采购的方式，有自己独立的组装车间和测试车间，有自己的品牌理念、监督、检测严格，质量可靠。出厂前会进行测试，可以保证稳定性，符合安全标准。自己组装的兼容机则没有良好的组装环境和测试环境，容易出现兼容性方面的问题。

2）灵活性

品牌机一般情况下不能更改配置或更改余地较小，而个人组装的兼容机完全可以根据自己的需要和经济条件来进行配置。

3）价格

品牌机的价格比相同配置的组装机高，因为其中包含品牌价值、售后服务、门面租金等，但品牌机销售运作合理规范，价格比较正规，不会买到假货，不会被商家乱抬价格。

4）售后服务

品牌机的售后服务相对来说较完善，国家强制性规定3年保修，品牌机售后一般真正能做到的是：1年免费上门（距维修站30公里内，不是销售点）；3年内有限保修（具体分两大类，主板、CPU、硬盘、内存、电源保三年，其他保一年）。品牌机的售后服务为1~2个工作日内上门服务。品牌机适用于公司和计算机知识较少的人群，而组装机适用于对计算机知识略懂的人群。

5）附件

品牌机一般附带有正版杀毒软件、正版操作系统、相关硬件驱动程序等，兼容机则不具备这些软件。一般组装兼容机的时候，商家会送鼠标垫、防尘罩、电源插座等礼品。

6）外观

品牌机的外观比较时尚，兼容机可以根据自己的需要搭配外观。

1.9.2 计算机维修市场

1. 计算机维修市场构成

计算机维修市场构成如图 1-13 所示。

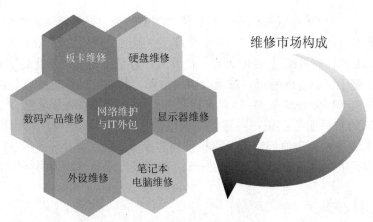

图 1-13 计算机维修市场构成

1）板卡维修

计算机主板和显卡都是容易损坏的设备，在设计寿命达到或损坏后都需要进行维修。PC平台架构转变很快，如果不维修，很可能连同 CPU 和内存都要更换，而购买相同接口的主板又十分困难，因此维修是最佳的选择。

2）硬盘维修

硬盘的物理特征导致其故障率很高，尽管硬盘价格已经比较便宜，但是很多用户还是希望能够拯救其中的重要数据。不少硬盘更换损坏的部件后还可以正常使用。

3）显示器维修

显示器是计算机中重要的输出设备，由于采用了不同于电视机的线路设计，且生产厂商不提供电路图和维修资料，导致家电维修人员在对显示器进行维修时，经常会因缺少维修资料和专业测试仪器而束手无策，所以需要专业技术人员对计算机显示器进行检测和维修。

4）笔记本电脑维修

笔记本电脑价格不菲，而且集成度相对较高，但不少笔记本电脑厂商仅提供一年质保服务。在超过保障期限后，生产厂商的维修费往往很高，用户只能求助于专业的维修服务商。

5）外设维修

打印机、传真机、一体机和复印机等都是损耗较大的设备，这些外设的维修是计算机维修业务的重要组成部分。

6）数码产品维修

目前 MP3、MP4、DC 和 DV 等产品已经逐渐普及，其维修量也在不断增加。MP3 和 MP4 的集成度较高，其维修难度并不高，DC 与 DV 的维修业务也是重要的利润增长点。

7）网络维护与 IT 外包

网络维护是指对计算机网络进行日常维护和故障排除，保障网络通信的畅通和网络设备的正常运行，最大限度地发挥计算机网络的作用。现代企业或政府部门为降低成本、提高工作效率、专注用于发挥自身核心竞争力，将全部或部分 IT 工作包给专业性公司来完成，网络维护与 IT 外包由此兴起。

2. 计算机维修市场现状

1）市场潜力巨大

2017 年 8 月 4 日中国互联网络信息中心（CNNIC）在京发布第 40 次《中国互联网络发展状况统计报告》。报告显示，截至 2017 年 6 月，中国网民规模达到 7.51 亿，占全球网民总数的五分之一。上网计算机超过 5940 万台，计算机的数量反映了维修业的发展前景。计算机属于电子产品，基于其自身的特点，难免会出现故障。起初，计算机维修是厂家为销售服务的，是售后服务的一部分。现在 IT 行业流行服务外包，把某项服务承包给专业的企业来完成，计算机厂家的售后服务也正在向这种模式过渡。企业和家庭用户对计算机了解不多，需要专业的技术服务人员为他们提供计算机使用和操作指导，并及时排除故障，代购相关配件等。金融机构、中小型企业、学校和政府部门都已成为或即将成为网络维护和外包服务的重要用户。

2）技术人才匮乏

计算机维修行业发展前景很好，目前计算机维修行业最大的危机是人才的缺乏。由于计算机产品技术含量很高，维修难度较大，如果不经过系统、专业的学习，就很难胜任计算机的维修工作。随着计算机行业的迅速发展，特别是计算机大量进入家庭后，计算机维修的质量也已成为社会各界和消费者越来越关心的问题。专业维修人员缺乏或维修人员素质不高，是造成质量纠纷的潜在因素，已成为制约计算机维修业向前发展的瓶颈。

3）专业设备不足

进行专业维修需要具备吹焊台、锡炉、拆焊机、专用烤箱、硬盘测试仪和专用示波器等维修设备。但目前维修市场中，拥有专业设备维修资质的商家屈指可数，大多数的计算机维修人员通常只能检查故障原因，焊接简单的芯片和电容，处理相对简单的故障，对于主板南北桥芯片损坏、硬盘数据丢失这样的问题大多束手无策或不敢维修。

4）质量良莠不齐

计算机维修从业人员的水平不高，严重制约着行业的发展。在目前的维修市场中，有相当一部分是私营企业，没有多余的资金或不愿意投资用于员工技能的培训。对于出现无法解决的高难度问题，就采取骗人的办法来对付，甚至出现了维修作业不规范、偷工减料、使用假冒伪劣、收费混乱等现象。

计算机维修业已经由幕后走到了前台，被越来越多的计算机用户所了解，成为一个独立、社会化、初具规模的新兴行业，潜在客户群体不断增加，市场也在一步步地扩大。因此，大量地培养高素质的计算机维修技术人员成为计算机维修服务业最迫切的要求。

练 习 题

一、填空题

1. 电子计算机按照计算机性能大小分类，可以分为_____、大型机、_____、小型机和_____等几个大类。微型计算机又可以分为台式计算机和_____。
2. 台式计算机主要由_____、显示器、_____、_____和音箱几个关键部件组成，主机箱内主要安装了电源、_____、硬盘、_____、_____、显卡和声卡等硬件设备。
3. 美籍匈牙利数学家冯·诺依曼提出了_____和_____的冯·诺依曼思想。冯·诺依曼计算机的硬件系统由运算器、_____、存储器、_____和_____输出设备五部分组成。
4. 计算机软件系统包括_____和_____两类，系统软件又包括_____、_____、语言处理系统、_____、_____。

二、问答题

1. 计算机的主要硬件设备有哪些？各有什么用途？
2. 简述计算机发展的五个时代及各自的特点。
3. 你工作和生活中常用计算机来做什么方面的工作？使用最多的软件是什么？
4. 计算机应用领域中的 CAD、CAM、CAT、CAI、AI 是什么？

第 2 章　计算机硬件

计算机硬件（Computer Hardware）是指构成计算机系统的物质元器件、部件、设备，以及它们的工程实现（包括设计、制造和检测等技术）。凡是看得到、摸得着的计算机设备，都是硬件部分。硬件是计算机的"躯体"，是计算机的物理体现，其发展对计算机的更新换代产生了巨大影响。例如，计算机主机包括中央处理器、内存、网卡、声卡等，接口设备有键盘、鼠标、显示器、打印机等，下面来看已经组装好的计算机，计算机各部件构成如图 2-1 所示。

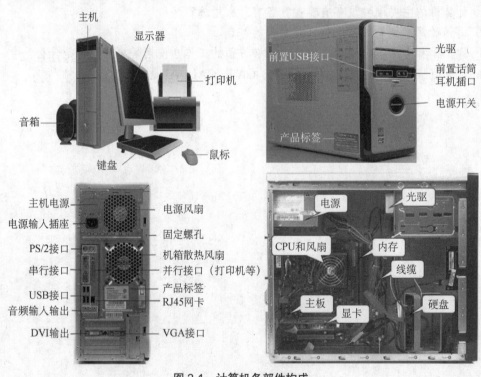

图 2-1　计算机各部件构成

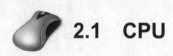

2.1　CPU

CPU 有火柴盒那么大，几十张纸那么厚，集成在一片超大规模集成电路芯片上，插在主板的 CPU 插槽中，是计算机的运算核心和控制核心，是计算机的"心脏"。

2.1.1 CPU 概述

CPU 是 Central Processing Unit（中央处理器）的缩写，又称微处理器，其内部结构包括控制单元、运算器和存储器三部分。其主要功能是对信息和数据进行运算和处理，并对计算机程序进行控制。CPU 的能力决定了计算机的性能，CPU 正反面展示如图 2-2 所示。

图 2-2 CPU 正反面展示

1. CPU 的构造

CPU 包括运算逻辑部件、寄存器部件和控制部件。

运算逻辑部件可以执行定点或浮点的算术运算操作、移位操作及逻辑操作，也可以执行地址的运算和转换。

寄存器部件包括通用寄存器、专用寄存器和控制寄存器。

控制部件主要负责对指令译码，并且发出为完成每条指令所要执行的各个操作的控制信号。

随着集成化程度和制造工艺的不断提高，越来越多的功能被集成到 CPU 中，使 CPU 引脚数量不断增加。

2. CPU 的发展简史

CPU 从最初发展至今已经有几十年的历史了，按照其处理信息的字长，CPU 可以分为 4 位微处理器、8 位微处理器、16 位微处理器、32 位微处理器、64 位微处理器。CPU 各发展阶段见表 2-1，各阶段 CPU 的外观构造如图 2-3 所示。目前，64 位微处理器使用较广泛。

表 2-1 CPU 各发展阶段

发 展 阶 段	典型微处理器
第一阶段 （1971—1973 年）	4 位和 8 位低档微处理器时代，典型微处理器有 Intel 公司的 4004 和 8008
第二阶段 （1974—1977 年）	8 位中高档微处理器时代，典型微处理器有 Intel 公司的 8080/8085、Motorola 公司的 MC6800、Zilog 公司的 Z80 等
第三阶段 （1978—1984 年）	16 位微处理器时代，典型微处理器有 Intel 公司的 8086/8088、80286、Motorola 公司的 M68000、Zilog 公司的 Z8000 等
第四阶段 （1985—1992 年）	32 位微处理器时代，典型微处理器有 Intel 公司的 80386/80486、Motorola 公司的 M68030/68040 等

续表

发展阶段	典型微处理器
第五阶段 （1993—1998年）	奔腾（Pentium）系列微处理器时代，典型微处理器有 Intel 公司的奔腾系列芯片及与之兼容的 AMD 公司的 K6 系列微处理器芯片等
第六阶段 （1998年以后）	典型微处理器有 Pentium Ⅱ、Celeron、Pentium Ⅲ，以及 2001 年 Intel 公司推出的 Pentium Ⅳ 等

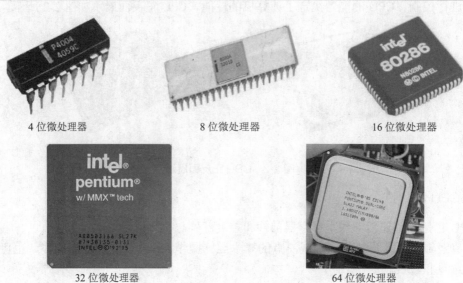

图 2-3　各阶段 CPU 的外观构造

3. CPU 分类

CPU 厂商会根据 CPU 产品的市场定位来给属于同一系列的 CPU 产品确定一个系列型号以便于分类和管理，系列型号可以说是区分 CPU 性能的重要标识。

目前主要有 Intel、AMD、VIA、全美达、IBM 这几个著名的 CPU 生产厂商，其中市场上又以 Intel 和 AMD 的 CPU 为主流。这两家公司在技术和价格等方面都各有优势，竞争非常激烈。可以从 CPU 的档次及核心来对 CPU 进行划分。

1）按 CPU 的档次划分

目前 Intel 公司有三个系列的产品，分别是针对低端市场的赛扬（Celeron）系列，针对中端市场的奔腾（Pentium）系列和针对高端市场的酷睿 Core 系列（图 2-4）。

图 2-4　酷睿 Core 系列

Intel CPU 系列推出时间表见表 2-2。

表 2-2 Intel CPU 系列推出时间表

主 要 产 品	推 出 时 间	主 要 产 品	推 出 时 间
Intel 4004	1971 年	Pentium Ⅱ	1997 年
Intel 8086/8088	1978—1979 年	Celeron（赛扬）	1998 年
Intel 80286	1982 年	Pentium Ⅲ	1999 年
Intel 80386	1985 年	Pentium 4	2000 年
Intel 80486	1989 年	Core 2	2006 年
Pentium	1993 年	i3、i5、i7	2011 年
Pentium MMX	1996 年	8 核	2014 年

AMD 公司的三个系列分别为针对低端市场的闪龙（Sempron）系列、针对中端市场的速龙（Athlon64）系列和针对高端市场的羿龙（Phenom）系列。如图 2-5 所示，从左到右分别是闪龙系列的 Sempron 3000，速龙系列的 Athlon 64 X2 5000 和羿龙系列的 Phenom Ⅱ X2 555。

无论是 Athlon 还是 Athlon XP，都与 Intel 的奔腾系列竞争。2000 年 6 月，AMD 正式区分高低端产品线，推出了主流入门级别的 Duron 处理器。

图 2-5 闪龙、速龙和羿龙 CPU

AMD CPU 系列推出时间表见表 2-3。

表 2-3 AMD CPU 系列推出时间表

主 要 产 品	推 出 时 间	主 要 产 品	推 出 时 间
K5（Pentium）	1996 年	ThunderBird	2000 年
K6	1997 年	Duron（毒龙）	2000 年
K6-2	1998 年	Athlon XP	2001 年
K6-Ⅲ	1999 年	Sempron（闪龙）	2004 年
Athlon（K7 速龙）	1999 年	Phenom（羿龙）	2007 年

锐龙是 AMD 公司 2017 年上市的 CPU 型号，于 2017 年 2 月 21 日发布，首批有 Ryzen 7 三款高端型号 1700、1700X 和 1800X。

2）按 CPU 的核心划分

核心（Die）又称内核，是 CPU 最重要的组成部分。CPU 中心那块隆起的芯片就是核心，是用单晶硅以一定的生产工艺制造出来的，CPU 所有的计算、接收命令、存储命令、处理数据都由核心执行。各种 CPU 核心都具有固定的逻辑结构，一级缓存、二级缓存、执行单元、指令级单元和总线接口等逻辑单元都有科学的布局。为了便于 CPU 设计、生产、销售的管理，CPU 制造商会对各种 CPU 核心给出相应的代号，这就是 CPU 核心类型。

CPU 核心的发展方向是更低的电压、更低的功耗、更先进的制造工艺、集成更多的晶体管、更小的核心面积（这会降低 CPU 的生产成本，从而最终会降低 CPU 的销售价格）、更先进的流水线架构和更多的指令集、更高的前端总线频率、集成更多的功能（如集成内存控制器等），以及双核心和多核心（1 个 CPU 内部有两个或更多个核心）。

4. CPU 的外部结构

CPU 的外形就是一个矩形片状物体，生产厂商为了防止空气中的杂质腐蚀芯片电路，将 CPU 内核等元件都进行了封装。已经封装好的芯片从外壳上可以观察到编码、基板、散热片、安装标识特征角、桥接电路和针脚。CPU 外部结构如图 2-6 所示。

图 2-6　CPU 外部结构

1) CPU 编码

CPU 芯片封装好后，生产厂家会在芯片朝上的一面标明几行字母和数字，这些字母和数字分别表示 CPU 类型、主频、二级缓存和前端总线频率等信息。当然，不同的生产厂家给出的标识形式会有所不同，其含义也有差别。

专家点拨：CPU 表面上的标识是通过激光蚀刻的，字迹清晰，用手擦除不了，所以用户选择时可以试验一下，以判断 CPU 的真伪。

2) CPU 基板

CPU 基板是指 CPU 的电路板，基板主要作用是将 CPU 内核和外部数据传输所需桥接电路、针脚和散热片等焊接在一起。

3) CPU 接口

CPU 接口也称 CPU 的封装方式，有针脚式（Socket）和触点式（LGA）两类。

Socket 方式：是方形多针脚（零插拔力）插座，主要与 PGA 封装的 CPU 相配套，针脚式接口又可以分为 Socket 478、Socket AM2 和 Socket AM3 三种。

（1）Socket 478。

Socket 478 接口主要应用于 Intel 公司早期的 Pentium 4 系列和赛扬系列的 CPU 芯片。Socket 指针脚式封装，478 指针脚数。如图 2-7 所示的是 Socket 478 接口插座和对应的 CPU。

 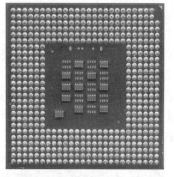

图 2-7　Socket 478 接口插座和对应的 CPU

（2）Socket AM2。

Socket AM2 是 2006 年 5 月底发布的，主要应用于 AMD 公司的 Sempron 系列、Athlon 64 系列和 Athlon 64 X2 系列的 64 位桌面 CPU 芯片，其芯片针脚数为 940，支持双通道 DDR2 内存。如图 2-8 所示的是 Socket AM2 接口插座和对应的 CPU。

 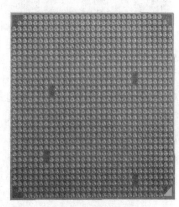

图 2-8　Socket AM2 接口插座和对应的 CPU

（3）Socket AM3。

Socket AM3 接口是 AMD 公司目前主流的 CPU 芯片接口，Phenom Ⅱ系列和 Athlon Ⅱ系列的 CPU 芯片使用的就是该类型的接口，仍然是针脚式封装方式，但针脚数为 938。如图 2-9 所示的是 Socket AM3 插座接口和对应的 CPU。

图 2-9　Socket AM3 插座接口和对应的 CPU

触点式接口有 LGA 775 和 LGA 1366 两种。

（1）LGA 775。

LGA 775 对应的 Socket 775 插座又称 Socket T，在 Intel 公司的 CPU 芯片上使用较多，Pentium 4、Pentium Celeron 4、Celeron Dual Core、Pentium Dual Core 和 Core 2 Duo 等系列 CPU 芯片采用的就是这类接口。采用触点式（LGA）封装方式的 CPU 其针脚都集成在主板的 CPU 插槽上，这样就减少了因为 CPU 针脚损坏而造成的损失。如图 2-10 所示的是 LGA 775 接口插座和对应的 CPU。

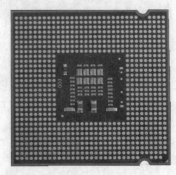

图 2-10　LGA 775 接口插座和对应的 CPU

（2）LGA 1366。

Intel 公司 Core i7 系列 CPU 芯片使用的是 LGA 1366 接口。LGA 1366 与 LGA 775 一样，主板插槽与 CPU 之间以触点形式连接，CPU 上没有任何插针和孔洞。只是 LGA 1366 插槽中的触点排列更加细密。如图 2-11 所示的是 LGA 1366 接口插座和对应的 CPU。

图 2-11　LGA 1366 接口插座和对应的 CPU

2.1.2　CPU 的性能指标及常用术语

1. CPU 的性能指标

CPU 的性能大致上反映了计算机的性能，因此 CPU 的性能指标十分重要。CPU 主要的性能指标有以下几个。

1）CPU 的主频、前端总线频率、外频和倍频系数

① CPU 主频也称时钟频率，即 CPU 内核工作的时钟频率（CPU Clock Speed），指 CPU 在单位时间内发出的脉冲数，等于 CPU 在 1 秒内能够完成的工作周期数，代表的是处理器的

运算速率，单位为 MHz、GHz。主频及前端总线频率如图 2-12 所示，框中的 2.93GHz 表示的即 Intel 酷睿 2 双核 E7500 的 CPU 主频。CPU 的主频表示在 CPU 内数字脉冲信号振荡的速率，与 CPU 实际的运算能力并没有直接关系，也就是说现今 CPU 主频的高低不会直接影响 CPU 运算能力。CPU 主频再低，也比其他硬件频率（如内存）高得多。

图 2-12　主频及前端总线频率

② 前端总线频率（FSB）是 CPU 与北桥芯片进行数据交换的工作频率。前端总线频率越高，意味着 CPU 与北桥芯片进行数据交换的速率越高，也就越能让 CPU 充分发挥其性能。目前，主流前端总线频率为 800MHz、1066MHz 或更高。如图 2-12 所示，框中的"1066"即前端总线频率。

专家点拨：前端总线频率是由主板的芯片组决定的，一般都能够向下兼容。比如，主板支持 1066MHz 前端总线频率，那么该主板安装的 CPU 前端总线频率可以是 1066MHz 或 800MHz。若安装了 800MHz 前端总线频率的 CPU，则主板不能发挥最大性能。

③ 外频，通常为系统总线的工作频率（系统时钟频率），即 CPU 与周边设备传输数据的频率，具体是指 CPU 到芯片组之间的总线速率。外频是 CPU 与主板之间同步运行的速度，在早期的绝大部分计算机系统中，外频也是内存与主板之间的同步运行的速率，在这种方式下，可以理解为 CPU 的外频直接与内存相连通，实现两者间的同步运行状态。

④ 外频与前端总线频率（FSB）很容易被混为一谈。前端总线频率指的是 CPU 和北桥芯片间总线的速率，更实质性地表示了 CPU 和外界数据传输的速率。而外频的概念是建立在数字脉冲信号振荡速率基础之上的，也就是说，100MHz 外频特指数字脉冲信号每秒振荡一万万次，它更多地影响了 PCI 及其他总线的频率。之所以前端总线频率与外频这两个概念容易混淆，主要的原因是在以前的很长一段时间里（主要是在 Pentium 4 出现之前和刚出现 Pentium 4 时），前端总线频率与外频是相同的，因此人们往往直接称前端总线频率为外频，最终造成这样的误会。随着计算机技术的发展，人们发现前端总线频率需要高于外频，因此采用了 QDR 技术实现这个目的。这些技术的原理类似于 AGP 的 2X 或 4X，它们使得前端总线的频率成为外频的 2 倍、4 倍甚至更高，从此之后前端总线频率和外频的区别才开始被人们重视起来。

⑤ 倍频系数，是指 CPU 主频与外频之间的相对比例关系。CPU 的核心工作频率与外频之间存在一个比值关系，这个比值就是倍频系数，简称倍频。最初 CPU 主频和系统总线速度是一样的，但 CPU 的速度越来越快，倍频技术也就相应产生。它的作用是使系统总线工作在相对较低的频率上，而 CPU 速度可以通过倍频来提升。CPU 主频计算方式为：主频=外频×倍频。倍频也就是指 CPU 和系统总线之间相差的倍数，当外频不变时，提高倍频，CPU 主频也就越高。但实际上，在相同外频的前提下，高倍频的 CPU 本身意义并不大。这是因为

CPU 与系统之间的数据传输速率是有限的,一味追求高倍频而得到高主频的 CPU 就会出现明显的"瓶颈"效应——CPU 从系统中得到数据的极限速度不能够满足 CPU 运算的速度。

理论上倍频是从 1.5 一直到无限的,但需要注意的是,倍频以 0.5 为一个间隔单位。外频与倍频相乘就是主频,所以其中任何一项提高都可以使 CPU 的主频上升。

2)缓存

缓存(Cache)是位于 CPU 与内存之间的临时存储器,它的特点是容量比内存小,但数据交换速度比内存快。加入缓存的目的是缓解 CPU 与内存工作速度的差异,提高 CPU 与内存之间数据传递的效率。缓存可分为一级缓存(L1 Cache)、二级缓存(L2 Cache)和三级缓存(L3 Cache)3 种。

一级缓存为 CPU 内部缓存,集成在 CPU 芯片的内部,用于暂时存储 CPU 运算时的部分指令和数据,缓存容量比较小。一般 L1 缓存的容量通常在 20~256KB,如 Intel 酷睿 i5740 的一级缓存为 128KB。

二级缓存为外部缓存,一般是加在 CPU 芯片外部的高速缓冲存储器,又叫片外缓存,用于暂时存储 CPU 内部一级缓存与内存交换的指令和数据,是 CPU 与主存储器之间的真正缓存。二级缓存的容量比一级缓存的容量大一些,但存取速度稍慢。现在主流 CPU 的 L2 高速缓存最大的是 2048KB,如 Intel 酷睿 i5740 的二级缓存为 1MB。

图 2-13 三级缓存

三级缓存是为读取二级缓存后未命中的数据设计的一种缓存。在拥有三级缓存的 CPU 中,约 95%的数据无须从内存中调用,进一步降低了内存延迟,提升了大数据量计算时的 CPU 性能。如 Intel 酷睿 i5740 的三级缓存为 8MB,如图 2-13 所示,红框中的"8M"即表示三级缓存容量。

三级缓存运行和访问次序如图 2-14 所示。

图 2-14 三级缓存运行和访问次序

3)工作电压

工作电压(Voltage)指的是 CPU 在正常工作时需要的电压。早期 CPU(386、486)由于工艺落后,它们的工作电压一般为 5V,发展到奔腾 586 时,已经是 3.5V/3.3V/2.8V 了,随着 CPU 的制造工艺与主频的提高,CPU 的工作电压有逐步下降的趋势,发热量和功耗也随之下降。目前,主流 CPU 的工作电压为 1.35V,功率为 65W。低电压能解决耗电量过大和发热过高的问题,这对于笔记本电脑尤其重要。

4)制造工艺

制造工艺是指制造 CPU 或 GPU 的制程,或指晶体管门电路的尺寸。通常生产的精度以纳米来表示,精度越高,生产工艺越先进,CPU 的集成度越高。目前,主流制造工艺为 45 纳米。

5）字长

字长指 CPU 在处理数据时运算部件一次能同时处理的二进制数据的位数。一般情况下，字长越长，容纳的位数越多，内存可配置的容量就越大，运算速度也越快，计算精度也越高。

6）访问地址空间的能力

CPU 所能访问的内存单元数是由地址总线的倍数决定的，如地址总线为 16 位，则内存寻址能力为 1MB；如地址总线为 24 位，则内存寻址能力为 16MB；如地址总线为 32 位，则内存寻址能力为 4GB。

2. CPU 的常用术语

1）双核处理器

双核处理器如图 2-15 所示，是指在一个处理器上集成两个运算核心，两个核心直接连接到同一个内核上，核心之间以芯片速度通信，进一步降低了处理器之间的延迟，从而提高计算能力。CPU 核心增加一个，处理器在每个时钟周期内可执行的单元数将增加一倍。目前双核处理器在市场上占主流，比如 Intel 公司推出的双核处理器有赛扬双核（Celeron Dual-Core）系列、奔腾双核（Pentium Dual-Core）系列和酷睿 2（Core 2 Duo）系列。AMD 公司推出了速龙 64 X2（Athlon 64 X2）系列、速龙 Ⅱ X2 系列和羿龙 Ⅱ X2 系列。

图 2-15　双核处理器

2）虚拟化技术

虚拟化技术（Virtualization Technology）可以使单 CPU 模拟多 CPU 并行，允许一个平台同时运行多个操作系统，并且应用程序都可以在相互独立的空间内运行而互不影响，从而显著提高计算机的工作效率。其可以将单台计算机的软件环境分割为多个独立的分区，每个分区都可以按需要模拟。这项技术的实质是通过中间层次实现计算资源的管理和再分配，使资源利用率最大化。虚拟分区的最大优势是实现在同一个物理平台上能够同时运行多个同类或不同类的操作系统，使不同业务和应用能够有不同的支撑平台。虚拟化有两种实施方式，即传统的纯软件虚拟化方式（无须 CPU 支持 VT 技术）和硬件辅助虚拟化方式（须 CPU 支持 VT 技术）。

3）超线程技术

超线程技术（Hyper-Threading，HT）是一种同步多线程执行技术，是利用特殊的硬件指令，将两个逻辑内核模拟成两个物理芯片，让单个处理器能同时处理两个独立的线程，实现线程的并行计算。该技术还能使单处理器兼容多线程操作系统和软件，减少 CPU 的闲置时间，提高 CPU 的运行效率。当然，超线程技术是让多个程序共享一个 CPU 的资源，程序的执行效率并不等于使用两个 CPU。

4）扩展指令集

MMX 指令集（Multi Media eXtensions，多媒体扩展指令集）是 Intel 在 1996 年推出的一项多媒体指令增强技术，它使 CPU 处理图像、动画、多媒体通信、语音识别及音频解压缩等方面的能力有了显著提高。

3D NOW! 指令集是 AMD 公司开发的多媒体扩展指令集，主要针对三维建模、坐标变换、效果渲染等三维应用场合。

SSE 指令集（Streaming SIMD Extensions）被 Intel 公司首次应用于 Pentium Ⅲ 中，它包

括了原 MMX 和 3D NOW！指令集中的所有功能，特别加强了 SIMD 浮点处理能力，并针对 Internet 的发展，加强了处理 3D 网页的能力。

SSE2 指令集是 Intel 公司在 Pentium 4 中推出的扩展指令集，它将传统的 MMX 寄存器扩展成 128 位，还提供了 128 位 SIMD 整数运算操作和 128 位双精密度浮点运算操作。

5）超频

超频的概念就是通过人为的方式将 CPU、显卡等硬件的工作频率提高，让它们在高于其额定频率的状态下稳定工作。以 Intel P4 2.4GHz 的 CPU 为例，它的额定工作频率是 2.4GHz，如果将工作频率提高到 2.6GHz，系统仍然可以稳定运行，那这次超频就成功了。

CPU 超频原理：CPU 超频的主要目的是提高 CPU 的工作频率，也就是 CPU 的主频。而 CPU 的主频又是外频和倍频的乘积。例如一块 CPU 的外频为 100MHz，倍频为 8.5，可以计算得到：

$$主频 = 外频 \times 倍频 = 100MHz \times 8.5 = 850MHz$$

提升 CPU 的主频可以通过改变 CPU 的倍频或外频来实现。如果使用的是 Intel CPU，则可以忽略倍频，因为 Intel CPU 使用了特殊的制造工艺来阻止修改倍频。AMD 的 CPU 可以修改倍频，但修改倍频对 CPU 性能的提升不如修改外频好。而外频的速度通常与前端总线、内存的速度紧密关联。因此当提升了 CPU 外频之后，CPU、系统和内存的性能也同时提升。

6）超频方式

跳线设置超频：早期的主板多数采用跳线或 DIP 开关设定的方式来进行超频。在这些跳线和 DIP 开关的附近，主板上往往印有一些表格，记载的就是跳线和 DIP 开关组合定义的功能。在关机状态下，可以按照表格中的频率进行设定。重新开机后，如果计算机正常启动并可稳定运行就说明超频成功了。

BIOS 设置超频：现在主流主板基本上都放弃了跳线和 DIP 开关的设定方式来更改 CPU 倍频或外频，而是使用更方便的 BIOS 设置，例如，升技（abit）的 SoftMenu Ⅲ 和磐正（EPOX）的 PowerBIOS 等都属于 BIOS 超频的方式，在 CPU 参数设定中就可以进行 CPU 的倍频、外频的设定。如果遇到超频后计算机无法正常启动的状况，只要关机并按住 Insert 或 Home 键，重新开机，计算机会自动恢复为 CPU 默认的工作状态，所以还是在 BIOS 中设置超频比较好。

2.1.3 CPU 风扇

由于 CPU 是高度集成的器件，如果工作时温度过高，轻则导致死机，重则可能将 CPU 烧毁，所以 CPU 风扇好坏直接影响 CPU 的正常工作。

1. CPU 风扇概述

CPU 风扇又称 CPU 散热器，主要用来为 CPU 散热。

CPU 风扇由散热片和风扇两部分组成，如图 2-16 所示。散热片负责吸收 CPU 的热量，传导热量，把热量扩散到自己身上；风扇利用气流将散热片吸收到的热量排出。散热片的散热能力主要由材质的导热性及散热片接触空气的面积决定。

在 CPU 和散热片之间使用散热膏，如填充硅脂，可以更均匀、更彻底地传导热量。市场上销售的散热膏是纯白的，如果有兴趣增加其导热性能，可以用刀刮下铅笔芯的细末，然后搅拌均匀，当然，最好是用石墨粉。

图 2-16　CPU 风扇

2. CPU 风扇的分类

CPU 风扇的轴承是整个风扇中最重要的部件，它对 CPU 风扇的价格影响最大。采用好轴承的风扇，其使用寿命长，噪声低，价格也更贵。如磁浮轴承寿命高达 10 万小时，是传统滚珠轴承的二倍、油封轴承的三倍。常见的风扇轴承有含油轴承、滚珠轴承和液压轴承 3 种。

1）含油轴承风扇

含油轴承风扇（图 2-17）是最常见的散热风扇，这种轴承使用润滑油作为润滑剂和减阻剂，价格较便宜。缺点是使用寿命短，在有灰尘进入或没有润滑油时就容易产生较大的噪声，其散热效果也会下降。

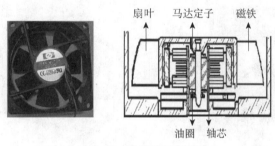

图 2-17　含油轴承风扇

2）滚珠轴承风扇

滚珠轴承风扇（图 2-18）可分为单滚珠和双滚珠两种。其原理是利用滚动摩擦来代替传统的滑动摩擦，摩擦力较小。这种风扇的使用寿命长，转速较高，拥有更好的散热效果，但是价格高，噪声也大。

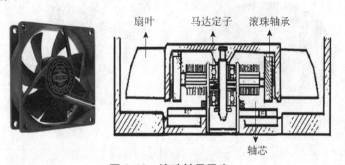

图 2-18　滚珠轴承风扇

3）液压轴承风扇

液压轴承风扇（图 2-19）是在含油轴承风扇基础上改进的 CPU 风扇。它采用了独特的环式供油回路，比普通含油轴承风扇使用寿命长，并且噪声减小，转速高，散热效果好。目前市场上 CPU 风扇大多采用滚珠轴承和液压轴承。

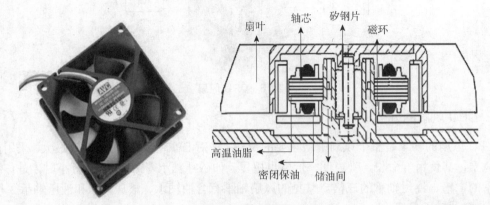

图 2-19　液压轴承风扇

不同类型的 CPU 使用的 CPU 风扇也不同，如 Intel CPU 的风扇不能放在 AMD CPU 上使用，两个厂家的风扇如图 2-20 所示。

图 2-20　两个厂家的风扇

Intel 775 针脚的 CPU 风扇不能与 Intel 478 针脚的 CPU 风扇混用。两种风扇外形如图 2-21 所示。

图 2-21　两种风扇外形

3. CPU 风扇的性能指标

选购一款好的 CPU 风扇非常重要，但是目前市场上 CPU 风扇品种很多，怎样才能买到适合的风扇呢？实际上，在选购风扇之前，有必要了解一些有关 CPU 风扇的性能指标，介绍如下。

1）风扇功率

风扇功率是影响风扇散热效果的一个很重要的因素。通常，功率越大，风扇的风力也越强，散热效果也就越好。但是风扇功率需要同计算机本身的功率相匹配，如果功率过大，反而还会加重计算机的工作负荷。所以在选择 CPU 风扇功率时，应该遵循够用原则。

2）风扇转速

风扇转速是指一分钟内转动的圈数，单位是 r/min（转/分）。通常，风扇的转速越高，风量越大，散热效果也越好，同时产生的噪声也会越大。目前，主流 CPU 风扇的转速为 3500～5200r/min。

3）散热器材质

CPU 的热量通过散热片或散热器传导出来，风扇再将热量从散热片或散热器上的排风口排出，因此散热材料对热量的传导性能是关键。目前，大多使用铜加铝合金，在散热片的底部镶铜对 CPU 吸热。铝散热作用好且不会生锈，是散热片的最好材料。图 2-22 是铜铝合金散热器。

4）排风量

排风量是衡量风扇质量的一个综合指标，是风扇性能的重要参数。而风扇的扇叶角度又是影响风扇排风量的决定因素。如果要测试风扇的排风量，将手放在散热片上排风口处，感受一下吹出风的强度就可以了，如图 2-23 所示。质量好的风扇，即使手离它很远，也能感到风力。

图 2-22 铜铝合金散热器

图 2-23 测试风扇排风量

5）风扇噪声

风扇噪声是指风扇工作中发出的声音，它主要受风扇轴承和叶片影响，与风扇的功率也有关，通常功率越大，转速也就越快，噪声也就越大。在购买风扇时，一定要试听风扇的噪声，如果太大，最好不要购买。

2.1.4 CPU 的选购

CPU 是计算机的核心部件，它的性能直接关系到计算机的整体性能。而 CPU 风扇是为 CPU 散热的设备，良好的散热才能使 CPU 正常、稳定地工作。CPU 在计算机中起着极其重要的作用，它决定了计算机的档次。选购 CPU 时可以从以下 5 个方面考虑。

1. 根据用户需求选择

在选购 CPU 时，首先要明确计算机使用的需求，不同的用户对计算机的性能是有不同要求的。比如说，如果用户购买计算机主要是用来进行学习、上网、办公或软件设计等方面工作的，那么可以考虑购买 Intel 公司的 CPU。如果需要实现 3D 图形图像或玩大型游戏，那么可以考虑购买 AMD 公司的产品。如果对图形图像方面有比较高的要求，建议购买 AMD 四核以上的 CPU，才能使计算机运行更流畅。

2. 产品的包装方式

从产品包装方式来看，可分为盒装和散装两种。盒装是指一个包装盒内含一个 CPU 和原装 CPU 风扇，一般价格要高一些。散装是指只有一个 CPU，没有风扇，风扇需要另外购买，散装的价格要便宜些。从性能上来看两者没有区别，价格相差也不大，所以建议还是购买盒装 CPU。

3. 性价比

在选购 CPU 时，性价比是一个很重要的因素。AMD 公司的 CPU 性价比较高。因为其产品价格便宜，用途也比较广泛，在游戏方面的表现尤其出色。而 Intel 公司的 CPU 兼容性较好，而且该公司 CPU 的市场占有率大，但价格贵一些。用户可以根据自己的预算和需要选择价格适中、性能相对出色的产品。

4. 售后服务

售后服务方面，AMD 和 Intel 两家公司的政策都是一样的。盒装正品，提供三年质保；散装正品，提供一年质保。

5. 辨别是否是正品

目前市场上的 CPU 主要由 AMD 和 Intel 两家公司供货，其产品不论是散装还是盒装都提供防伪标识，购买时要注意识别，是不是正品 CPU 可以看以下几个地方。

1）看包装

正品的 CPU 包装盒贴有封口标贴，如图 2-24 所示。封口标贴是辨别包装盒真伪的一个关键点，如果没有封口标贴，那肯定是假货。正品纸盒颜色鲜艳，字迹清晰细致，且封口标贴撕开就不能贴回，用户选购时一定注意。

图 2-24　封口标贴

2）看编号

正品盒装的 CPU 表面上的序列号、产地与包装盒上印制的序列号、产地一致，如图 2-25

所示。序列号的真假也可以从印刷质量上看出来，正品的序列号条形码采用的是点阵喷码，字迹清晰；而假冒的条形码是用普遍方式印刷的，字迹模糊且有粘连感。如果发现条形码印刷太差，字迹模糊，建议不要购买。

图 2-25　序列号、产地一致

3）看风扇

打开 CPU 的包装后，可以查看原装的风扇正中的防伪标签，正品 Intel CPU 风扇防伪标签为立体式防伪，除了底层图案会有变化外，还会出现立体的"intel"标志。而假的盒装 CPU 风扇，没有"intel"标志。AMD 公司 CPU 风扇防伪标签与 Intel 公司类似，如图 2-26 所示。

图 2-26　风扇防伪标签

另外还可以通过风扇的扇页数量来辨别真假，正品 Intel 盒装风扇扇页为 7 片，AMD 盒装风扇扇页为 9 片，如图 2-27 所示，正品扇叶厚实，面积也比较大，假的就做不到这点。

图 2-27　风扇叶片

4）看代理商标签

Intel 公司与 AMD 公司的 CPU 都有代理商的防伪标签（图 2-28）。在国内市场上，AMD

处理器代理商主要有安富利、伟仕、威健和神州数码。而 Intel 处理器的代理商分别是英迈国际、联强国际和神州数码。

图 2-28 代理商防伪标签

2.2 主板

主板又叫主机板（Mainboard）、系统板（System Board）和母板（Motherboard），它安装在机箱内，是机箱内最大也是最重要的一块电路板，上面密布着各种元器件和线路，如图 2-29 所示。

图 2-29 主板

 知识扩展：

机箱作为计算机配件中的一部分，它起的主要作用是放置和固定各计算机配件，起到承托和保护的作用，此外，计算机机箱具有屏蔽电磁辐射的重要作用，由于机箱不像 CPU、显卡、主板等配件能迅速提高整机性能，所以在 DIY 中一直不被列为重点考虑对象。但是机箱也并不是毫无作用的，一些用户买了杂牌机箱后，由于主板和机箱形成回路，导致短路，使系统运行很不稳定。

2.2.1 认识主板

主板一般为矩形电路板，上面安装了组成计算机的主要电路系统，一般有 BIOS 芯片、I/O

控制芯片、键盘和面板控制开关接口、指示灯插接件、扩充插槽、主板及插卡的直流电源供电接插件等元件，如图 2-30 所示。主板采用了开放式结构。主板上大都有 6~8 个扩展插槽，供 PC 外围设备的控制卡（适配器）插接。通过更换这些插卡，可以对计算机的相应子系统进行局部升级，使厂家和用户在配置机型方面有更大的灵活性。主板在整个计算机系统中扮演着举足轻重的角色。可以说，主板的类型和档次决定着整个计算机系统的类型和档次，主板的性能影响着整个计算机系统的性能。

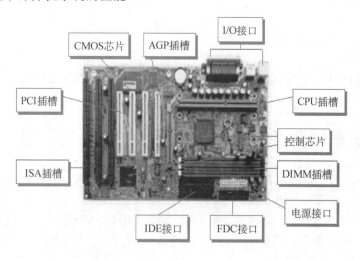

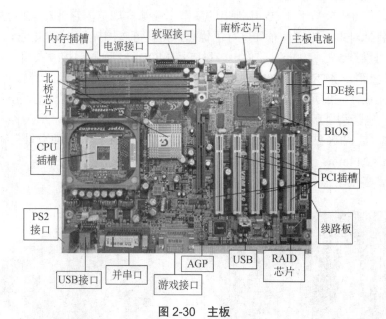

图 2-30　主板

2.2.2　主板的功能

主板的功能是连接计算机硬件设备，管理和协调计算机系统中各部件中的运作和传输数据，对计算机系统的稳定起着决定性的作用，相当于人的"身躯"。

1. 连接计算机的硬件

一般台式机的主板拥有 1 个 CPU 插座、2~4 个内存插槽、2~5 个 PCI 插槽、1~2 个 PCI-E 插槽或 AGP 插槽，还带有各种外设接口。

2. 协调设备工作

主板能够协调相关设备间的通信，以保证各个设备正常工作，通过主板芯片组来协调各个设备的工作。

3. 传输数据

计算机中的所有设备都会直接或间接地与主板相连，所以彼此之间的数据通信和传输必须通过主板。

2.2.3 主板的分类

按主板的工业结构标准划分，主板分为 AT、Baby-AT、ATX、Micro ATX、LPX、NLX、Flex ATX、EATX、WATX 和 BTX 等结构。

AT 结构是 IBM 于 1984 年制定的工业标准。AT 主板最初应用于 IBM PC/AT 机上，因而得名。AT 结构主板的主要缺陷是主板布局不合理，造成 CPU 散热困难、扩充升级困难、内部连线过多且过乱，已经被淘汰。

ATX 结构是 Intel 公司于 1995 年提出的新型主板结构规范，它针对 AT 主板的缺点进行了一些改进，包括对主板的元件布局进行了优化，使其可直接提供 3.3V 电压，支持软关机并且软关机后仍可维持 5V、100mA 的供电，以支持 MODEM 远程遥控开关机，ATX 主板需要与专门的 ATX 机箱及 ATX 电源配合使用，采用 ATX 结构的主板是当前组装机市场上的主流产品，俗称大主板。它的尺寸是 305mm×244mm。大主板插槽多，扩展性强，稳定性强，用料足，价格高一些，适用于商用机。Intel 公司于 1997 年又推出了 Micro-ATX 结构，Micro ATX 又称 Mini ATX，是 ATX 结构的简化板，通过减少 PCI 和 ISA 扩展槽的数量来缩小主板尺寸，尺寸是 244mm×244mm，俗称小板，体积小，插槽少，集成度高，经济实惠，适合于无须进行扩展的用户，多用于品牌机并配备小型机箱，如图 2-31 所示。

图 2-31 Micro-ATX 主板

NLX 结构是 Intel 公司提出的一种新型主板架构。NLX 通过重置机箱内各种接口，将扩展槽从主机板上分割开，把竖卡移到主板边上，给处理器留下了更多的空间，使机箱内的通风散热条件更好,系统扩展、升级和维护也更方便。但 NLX 主板需要使用专用的 NLX 电源。

LPX、NLX、Flex ATX 是 ATX 结构的扩展形式,采用这些结构的主板多用于品牌机中,组装机市场中并不常见。采用 EATX 和 WATX 结构的主板多用于服务器和工作站计算机。

2.2.4 主板的性能指标

用户选购主板时,通常要了解主板的一些参数和性能指标,一般在说明书上会有详细的说明,如主板芯片型号、支持 CPU 的类型、内存类型和是否支持独立显卡等。

(1) 支持 CPU 的类型与频率范围。
(2) 对内存的支持。
(3) 对显卡的支持。
(4) 对硬盘与光驱的支持。
(5) 扩展性能与外围接口。
(6) BIOS 技术。

2.2.5 主板的结构

主板不但是整个计算机系统平台的载体,还负担着系统中各种信息的交流,起着让计算机稳定地发挥系统性能的作用。计算机中的芯片(CPU)、显卡、声卡、内存等配件都是通过插槽安装在主板上的,软驱、硬盘、光驱等设备也都有各自的接口。

主板是一块 PCB 印制电路板,上面集成了非常多的部件,其中最主要的是控制芯片、各类插槽和外设接口,主板结构如图 2-32 所示。

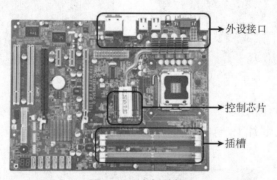

图 2-32 主板结构

1. 控制芯片

主板集成了控制芯片组(Chipset)、声卡芯片(Audio)、网卡芯片(LAN)和 BIOS 芯片等。
1) 控制芯片组

控制芯片组大多由北桥芯片和南桥芯片组成,是主板的核心,相当于主板的"心脏",其性能会直接影响到整个计算机系统的性能。

(1) 北桥芯片(MCH)。

北桥芯片是离 CPU 最近的芯片,如图 2-33 所示,它决定了主板可以支持的 CPU 类型、主板的系统总线频率、内存类型及最大容量、显卡插槽规格,是内存的控制中心,主要负责处理 CPU、内存、显卡三者之间的数据通信。由于北桥芯片运行频率较高，所以发热量较高，因而在芯片表面要安装散热片和风扇。主板生产厂家一般用北桥芯片来命名主板的型号，集成显卡的型号也是以北桥芯片命名的。

图 2-33　北桥芯片

（2）南桥芯片（ICH）。

南桥芯片是离 PCI 插槽最近的芯片，如图 2-34 所示，它是输入/输出的控制中心，主要负责控制存储设备、PCI 总线接口、外部接口及 I/O 总线之间的数据通信，有些南桥芯片也会安装散热片。

图 2-34　南桥芯片

现在很多主板芯片组的生产厂家没有专门用单独一块芯片作为南桥芯片，而是把南桥芯片的功能都集成到北桥芯片上，如图 2-35 所示。

图 2-35　南北桥合成芯片

在计算机系统中，任何一款 CPU 都必须有搭配的主板芯片组才能充分发挥硬件性能。生产主板芯片组的主要厂商有 Intel、AMD、VIA、nVIDIA、SiS、ATI 等，这里简单介绍几种芯片组。从北南桥任务图（图 2-36）上可以看出南桥、北桥所负责的任务，以及芯片之间的关系。

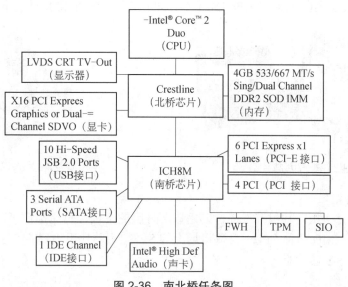

图 2-36 南北桥任务图

（3）Intel 芯片组。

Intel 公司是全球最大的 CPU 制造商和芯片组开发商，它所生产的芯片组主要支持自己生产的 CPU。目前市场上的 Intel 主板芯片组主要有 Intel P 系列（如 Intel P45）、Intel Q 系列（如 Intel Q45）、Intel X 系列（如 Intel X58）、Intel H 系列（如 Intel H67）、Intel G 系列（如 Intel G45）等，如图 2-37 所示为 Intel 芯片组。

（4）AMD 芯片组。

AMD 公司是著名的 CPU 制造商和芯片组开发商，它所生产的芯片组只能支持自己生产的 CPU。目前市场上的 AMD 主板芯片组主要有 AMD 790G、AMD 890GX、AMD 880G 等，如图 2-38 所示为 AMD 芯片组。

图 2-37 Intel 芯片组

图 2-38 AMD 芯片组

（5）VIA 芯片组。

VIA（威盛）是主板芯片组的主要研发商，也是唯一可以和 Intel 在主板芯片产品上相抗衡的公司。它生产的主板芯片能够支持 Intel 和 AMD 两种 CPU。目前市场上的 VIA 主板芯片组有 VIA K8M890、VIA P4M890 等，如图 2-39 所示为 VIA 芯片组。

（6）nVIDIA 芯片组。

nVIDIA（英伟达）是著名的独立显卡芯片开发商，同时也开发主板芯片组。它生产的主板芯片支持 Intel 和 AMD 两种 CPU。目前市场上的 nVIDIA 主板芯片组主要有 nVIDIA GeForce 8300（MCP78U）、nVIDIA nForce 790i SLI（C73P）等，如图 2-40 所示为 nVIDIA 芯片组。

图 2-39　VIA 芯片组

图 2-40　nVIDIA 芯片组

（7）SiS 芯片组。

SiS（矽统）是主板芯片组开发商，采用该芯片组的主板性价比都很高。它生产的主板芯片可支持 Intel 和 AMD 两种 CPU。目前市场上的 SiS 主板芯片组主要有 SiS 672、SiS 771 等，如图 2-41 所示为 SiS 芯片组。

（8）ATI 芯片组。

ATI 是独立显卡芯片和主板芯片组开发商，支持 Intel 和 AMD 两种 CPU。目前市场上的 ATI 主板芯片组主要有 ATI Radeon Xpress 1250（RS600）、ATI Radeon Xpress 1150 等，ATI 芯片组如图 2-42 所示。

图 2-41　SiS 芯片组

图 2-42　ATI 芯片组

2）声卡芯片

声卡芯片提供声音处理的能力，提供声音信号输入和输出，常见的声卡芯片有 ALC650、AD1888、CMI8738 等，如图 2-43 所示。

图 2-43　声卡芯片

3）网卡芯片

网卡芯片提供网络通信能力。常见的网卡芯片有 RTL8100、intel 82562、Broadcom 的 BCM4318、Atheros 的 AR8216 等，如图 2-44 所示。

RTL8100　　　　　Intel 82562　　　　Broadcom的BCM4318　　Atheros的AR8216

图 2-44　网卡芯片

4）I/O 芯片

在 486 以上档次的主板上都有 I/O 控制电路。它负责提供串行、并行接口及软盘驱动器控制接口。I/O 芯片如图 2-45 所示。

5）电源管理芯片

电源管理芯片（Power Management Integrated Circuits）如图 2-46 所示，是在电子设备系统中担负着电能的变换、分配、检测及其他电能管理的职责的芯片。主要负责识别 CPU 供电幅值，产生相应的短矩波，推动后级电路进行功率输出。常用电源管理芯片有 HIP6301、IS6537、RT9237、ADP3168、KA7500、TL494 等。

图 2-45　I/O 芯片

6）BIOS 芯片

BIOS（Basic Input/Output System，基本输入/输出系统）是一块装入了启动和自检程序的 EPROM 或 EEPROM 集成块，实际上它是被固化在计算机 ROM（只读存储器）芯片上的一组程序，BIOS 芯片保存着计算机中最重要也最基本的输入/输出控制程序，为计算机提供最低级的、最直接的硬件控制与支持，是计算机能正常运行的核心内容。通过设置 BIOS 的相关信息，可以控制系统的启动和自检等程序，如图 2-47 所示。

图 2-46　电源管理芯片　　　　　　　　　图 2-47　BIOS 芯片

目前市面上较流行的主板 BIOS 芯片主要有 Award BIOS、AMI BIOS、Phoenix BIOS 三种，如图 2-48 所示。

（1）Award BIOS：Award BIOS 是由 Award Software 公司开发的 BIOS 产品，在 Phoenix 公司与 Award 公司合并前，Award BIOS 便被大多数台式机主板采用。两家公司合并后，Award BIOS 也被称为 Phoenix-Award BIOS。

（2）AMI BIOS：AMI BIOS 是 AMI 公司生产的 BIOS 产品。该公司成立于 1985 年。其生产的 AMI BIOS 占据了早期台式机的市场，但后来逐渐沉寂，被 Award BIOS 将市场夺走。

（3）Phoenix BIOS：Phoenix BIOS 是 Phoenix 公司生产的产品。从性能和稳定性看，Phoenix BIOS 要优于 Award 和 AMI，因此被广泛应用于服务器系统、品牌机和笔记本电脑上。

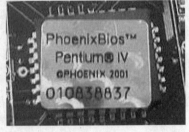

图 2-48　三种 BIOS 芯片

另外，BIOS 芯片有一块电池，用于在计算机关机后继续提供 BIOS 程序设置信息的电能。BIOS 电池如图 2-49 所示。

图 2-49　BIOS 电池

专家点拨：电池无电，就会丢失 BIOS 设置信息，甚至也会造成计算机无法开机。

2．插槽

主板上有 CPU 插槽、内存插槽、独立显卡插槽、外存插槽、PCI 插槽和电源插槽等。下面对各种插槽进行介绍。

1）CPU 插槽

主板上的 CPU 插槽用来安装 CPU。目前主要有两种处理器架构的插槽，即 Socket 和 Slot，如图 2-50 所示。

（1）Socket：在处理器芯片底部四周分布许多插针，通过这些插针与处理器插座接触，采用这种处理器架构的插槽主要有 Intel 奔腾处理器、Socket 7、PⅢ、赛扬处理器的 Socket 370、P4 处理器的 Socket 423 和 Socket 478，AMD 处理器 K6-2 所用的 Socket 7，Athlon 系列处理器用的 Socket 462。Socket 架构是一种主流处理器架构，也是未来的发展方向。

（2）Slot：属于单边接触型插槽，通过金手指与主板处理器插槽接触，就像 PCI 板卡一样，在早期的 PⅡ、PⅢ 处理器中曾用到，要注意这种处理器的安装也是有方向的，通常只能有一个方向可以安装，类似于内存的安装，需要看准缺口。

图 2-50　Socket 和 Slot 架构的插槽

目前 CPU 采用主流的针脚式和触点式，所以 CPU 插槽也分为插针型和触点型。每款 CPU 都有相对应型号的 CPU 插槽，因为插孔数、体积和形状都不一样，安装时不能互相接插。常见的 CPU 插槽分别有 Intel CPU 的 Socket 478 和 LGA 775 等，AMD CPU 的 Socket 939 和 Socket 938 等，如图 2-51 所示。

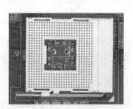

Intel Socket 478插槽

Intel LGA 775插槽

AMD Socket 939插槽

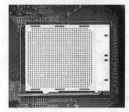

AMD Socket 938插槽

图 2-51　四种 Socket 架构的插槽

2）内存插槽

主板上安装内存条的插槽称为内存插槽。内存经过几代发展，如 SDRAM、DDR、DDR2 和 DDR3，其插槽如图 2-52 所示。各类内存都有其相对应的内存插槽。目前主流支持 DDR2 和 DDR3，但是还有用户在使用 SDRAM 和 DDR。

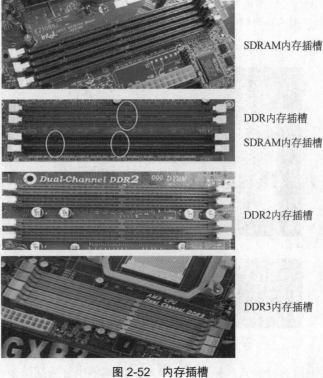

图 2-52　内存插槽

3）总线扩展槽

在主板上占用面积最大的部件就是总线扩展插槽，用于扩展 PC 功能的插槽通常称为 I/O 插槽，大部分主板都有 3~8 个扩展槽（Slot），它是总线的延伸，也是总线的物理体现，在它上面可以插接标准配件，如网卡、多功能 I/O 卡、解压卡、MODEM 卡、声卡等。

（1）ISA（Industry Standard Architecture，工业标准体系结构）扩展槽：用来安装早期的声卡、网卡、SCSI 卡、解压卡等，现已基本淘汰。

（2）PCI（Peripheral Component Interconnect，外部设备互联总线）总线插槽：它是由 Intel 公司推出的一种局部总线。它定义了 32 位数据总线，且可扩展为 64 位。它为独立显卡、独立声卡、独立网卡、电视卡、MODEM 卡等设备提供了连接接口。主板上的 PCI 插槽越多，可以安装的扩展卡越多，也体现了主板的扩展性。目前主板上一般有 2~3 个 PCI 插槽，如图 2-53 所示。

图 2-53　PCI 总线插槽

（3）独立显卡插槽：主板上安装独立显卡的插槽称为显卡插槽，目前常见的显卡插槽有 AGP 和 PCI-E 两种，这两种插槽形状不同，因此不能相互兼容，如图 2-54 所示。

AGP（Accelerated Graphics Port，图形加速接口）是专供 3D 加速卡（3D 显卡）使用的接口。它直接与主板的北桥芯片相连，且该接口让视频处理器与系统主内存直接相连，避免数据经过窄带宽的 PCI 总线而形成系统瓶颈，提高 3D 图形数据传输速率，而且在显存不足的情况下还可以调用系统主内存,所以它拥有很高的传输速率,这是 PCI 等总线无法提供的。AGP 接口主要可分为 AGP1X、2X、PRO、4X、8X 等类型。

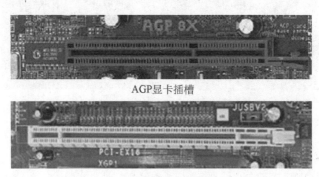

图 2-54 AGP 和 PCI-E 显卡插槽

PCI-E 插槽是新一代的总线接口,PCI-E 共分为四种规格,分别是 x1、x4、x8、x16,它的主要优势就是数据传输速率高,目前最高可达到 10GB/s。

(1) mSATA(mini-SATA):是迷你版本 SATA 接口,如图 2-55 所示,外形和 mini PCI-E 完全相同,但电子信号不同,两者互不兼容。

(2) M.2:2016 年 Intel 推出了一种 M.2 接口,如图 2-56 所示,是为超极本(Ultrabook)量身定做的新一代接口标准,以取代原来的 mSATA 接口,它拥有更小巧的规格尺寸,以及更高的传输性能。

图 2-55 mSATA 接口

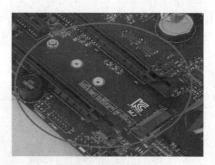
图 2-56 M.2 接口

其实,对于桌面台式机用户来讲,SATA 接口已经可以满足大部分用户的需求了,不过考虑到超极本用户的存储需求,Intel 才急切地推出了这种新的接口标准,在华硕、技嘉、微星等发布的新的 9 系列主板上都看到了这种新的 M.2 接口。

与 mSATA 相比,M.2 主要有两方面的优势。一方面是数据传输速率上的优势,理论接口速率可达 32GB/s;另一方面是体积上的优势,虽然,mSATA 的固态硬盘体积已经足够小了,但相比 M.2 接口的固态硬盘,mSATA 仍然没有任何优势可言。M.2 标准的 SSD 同 mSATA 一样可以进行单面 NAND 闪存颗粒的布置,也可以进行双面布置,另外,即使在大小相同的情况下,M.2 也可以提供更高的存储容量。

4)外存插槽

外存插槽用于连接软驱、光驱和硬盘等外存储设备,目前常见的外存插槽有 IDE 和 SATA 两种接口类型,如图 2-57 所示。

IDE 外存插槽　　　　　　　　　　SATA 外存插槽

图 2-57　IDE 和 SATA 外存插槽

软驱接口（FDC 接口）：软驱接口如图 2-58 所示，共有 34 根针脚，它是用来连接软盘驱动器的，它的外形比 IDE 接口要短一些。

图 2-58　软驱接口

5）电源插槽

电源插槽是连接主板与电源的接口，负责对主板、CPU、内存和各种板卡供电，主要有 AT 电源插槽和 ATX 电源插槽两种，有的主板上同时具备这两种插槽，AT 插槽现已被淘汰。常见的 ATX 电源插槽有供主板电力的 20 针和 24 针两种，还有单独供电的 4 针和 8 针两种，如图 2-59 所示。

24 针　　　　　　　　4 针　　　　　　　　8 针

图 2-59　ATX 电源插槽

3. 外设接口

外设接口包括用于连接键盘和鼠标的 PS/2 接口、显示器接口、网线接口、音箱接口和 USB 接口等，如图 2-60 所示。

1）PS/2 接口

PS/2 接口用于连接键盘和鼠标。它有颜色区别，一般情况下紫色是键盘接口，绿色是鼠标接口，如图 2-61 所示。

专家点拨：键盘和鼠标接反将导致设备无法使用。

2）串行接口（COM）

它用于连接一些串行接口设备，如一些工业控制机器等设备，如图 2-62 所示。

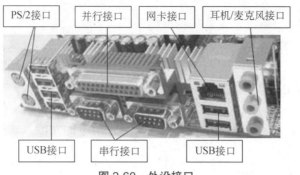

图 2-60　外设接口

3）并行接口（LPT）

并行接口如图 2-63 所示，是计算机与其他设备传送信息的一种标准接口，这种接口将 8 位数据同时并行传送，并行接口数据传送速度较串行接口快，但传送距离较短。

  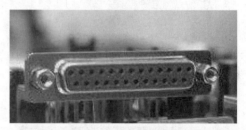

图 2-61　PS/2 接口　　　　图 2-62　串行接口　　　　　　图 2-63　并行接口

串行接口就像一条车道，而并行接口就像 8 个车道，同一时刻能传送 8 位（一字节）数据。但是并不是并行接口传送速度快，由于 8 位通道之间的互相干扰，传输时速率就受到了限制。而且当传输出错时，要同时重新传 8 位数据。而串行接口没有干扰，传输出错后重发一位就可以了，所以要比并行接口传送速度快。

4）USB 接口

USB 接口如图 2-64 所示，是用途最广泛的一种接口，可连接 U 盘、手机、打印机等。

5）声卡接口

声卡接口是用于声音输入/输出的接口，以颜色区分：绿色是声音输出接口，接音箱设备；粉红色是声音输入接口，接话筒设备，如图 2-65 所示。

图 2-64　USB 接口　　　　　　　　　图 2-65　声卡接口

6）网卡接口

网卡接口（RJ45）用于连接网线，如图 2-66 所示。

4. 主板跳线

（1）键帽式跳线如图 2-67 所示。键帽式跳线由两部分组成：底座部分和键帽部分。前者是向上直立的两根或三根不连通的针，相邻的两根针决定一种开关功能。对跳线的操作只有短接和断开两种。当使用某个跳线时，即短接某个跳线时，就装上一个能让两根针连通的键帽，这样两根针就连通了，对应该跳线的功能就有了，否则，可以将键帽只装在一根针上，键帽的另一根管空着，这样，因为两根针没有连通，对应的功能就被禁止了，而且键帽也不会丢失。

图 2-66　网卡接口

图 2-67　键帽式跳线

（2）DIP 式跳线如图 2-68 所示。
（3）软跳线可在 BIOS 中设置，如图 2-69 所示。

图 2-68　DIP 式跳线

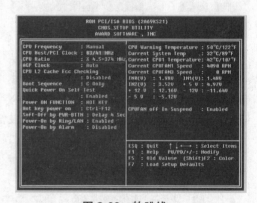

图 2-69　软跳线

2.2.6　主板的选购

选购主板时应考虑的主要性能如下。

1. 速度

现在的多媒体应用使得 CPU 要处理的数据，以及要和外设之间交换的数据量大大增加，而 CPU 与内存、CPU 与外设（独立显卡、SATA 设备等）、外设与外设的数据通道都集成在主板上，所以主板的速度制约着整机系统的速度。

2. 稳定性

计算机的各部件都可能出现性能不够稳定的情况，但都不如主板对系统的影响大。一块稳定性欠佳的主板会在使用一段时间后暴露出其缺点，而这种不稳定性往往以较隐蔽的方式表现出来，如找不到 IDE 硬盘、显示器无显示、莫名其妙地死机等，往往让人误以为是 CPU 或外设出了问题，而实际上是主板性能不稳定造成的。

3. 兼容性

兼容性好的主板会使用户在选择部件和将来对计算机升级时有更大的灵活性。兼容性差的主板不容易和外设匹配，造成一些优秀的板卡因为主板的限制而不能使用，致使系统性能降低或无法发挥。

4. 扩充能力

计算机在购买一段时间后都会出现要添置新设备的需求。主板的扩充能力主要体现在有足够的 I/O 插槽、内存插槽、CPU 插槽、AGP 插槽，以及与多种产品兼容的接口等。

5. 升级能力

主板比 CPU 有着更长的生命周期。一块好的主板应为现在及未来的 CPU 技术提供支持，使 CPU 升级时不用更换主板。

 ## 2.3 存储设备

存储设备是用于存储信息的设备，通常是将信息数字化后再以利用电、磁或光学等方式的媒体加以存储。常见的存储设备有：利用电能方式存储信息的设备（各式存储器 RAM、ROM）、利用磁能方式存储信息的设备（硬盘、软盘、磁带、磁芯存储器、U 盘）、利用光学方式存储信息的设备（CD、DVD）、利用磁光方式存储信息的设备（MO 磁光盘），利用其他物理方式存储信息的设备（打孔卡、打孔带、绳结）。

2.3.1 内存

内存是计算机中重要的部件之一，它是与 CPU 进行沟通的桥梁。计算机中所有程序都是在内存中运行的，因此内存的性能对计算机的影响非常大。

1. 内存概述

内存（Memory）又称主存储器或主存，是 CPU 能直接寻址的存储空间。内存的作用是暂时存放 CPU 中的运算数据，以及与硬盘等外部存储器交换数据。只要计算机在运行中，CPU 就会把需要运算的数据调到内存中进行运算，当运算完成后 CPU 再将结果传送出来，内存的运行也决定了计算机的稳定运行。内存一般采用半导体存储单元，包括只读存储器和随机存储器。

只读存储器（Read Only Memory，ROM），是指在制作过程中将数据或程序写入半导体电路并能够被永久保存的存储器类型。这种存储器的特点是只允许从中读出信息而不能写入，信息在计算机关闭时也不会丢失，所以常用于存放计算机的基本程序和数据，如 BIOS。

随机存储器（Random Access Memory，RAM），是指通过指令就可以对存储器中的信息进行随机读或写的存储器类型。这种存储器的特点是不能长期保存，主要用来存储计算机运行时的临时数据。当关闭计算机时，其中存储的数据就会丢失，所以在关闭计算机时需要将随机存储器中的数据保存到硬盘或其他能永久保存的存储设备中去。

2．内存的结构

主板上有专门的内存插槽，封装好的内存芯片通过这个插槽实现与计算机的连接。现在的内存主要由电路板、芯片颗粒、SPD 芯片和金手指四部分组成，如图 2-70 所示。

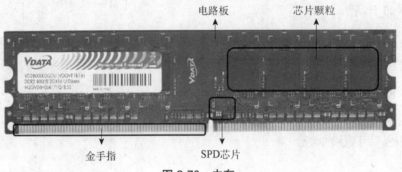

图 2-70　内存

（1）芯片颗粒实际上就是存储芯片，主要用于存储计算机运行时的临时数据。根据品牌不同，内存采用的芯片也会有所区别。

（2）SPD（Serial Presence Detect）芯片是指一个 8 针 256 字节的可擦写可编程只读存储器（EERROM）芯片。一般位于内存条正面的右侧，它记录了内存速度、容量、电压、行地址、列地址及带宽等重要的参数信息，负责自动调整主板上内存条的速度。当计算机启动时，BIOS 将自动读取 SPD 中的信息。

（3）金手指（Connecting Finger）是内存条上的金黄色的导电触片，因其表面镀金而且导电触片的排列如手指状，故被称为"金手指"。内存条通过金手指与内存插槽连接，内存处理单元所有的数据流及电子流都通过它与计算机系统进行交换。

3．内存的分类

随着计算机技术的发展，对计算机内存的要求越来越高。从几百 KB 到现在的几 GB，内存的容量和制作工艺都发生了很大变化。下面分别按内存发展年代和适用类型对内存的分类进行介绍。

1）按内存发展年代分类

随着计算机硬件技术的发展，计算机内存也发生了变化。从发展年代来划分，内存经历了 SDRAM、DDR、DDR2、DDR3、DDR4 等类型的变化。

（1）SDRAM。

SDRAM（Synchronous Dynamic Random Access Memory）即同步动态随机存储器，其外形如图 2-71 所示。同步指的是 RAM 与 CPU 能够以相同的时钟频率进行控制，这样数据在传输时的延迟减少了，同时也提高了系统的效率。动态是指存储阵列需要不断地刷新来保证数据不丢失。随机是指数据不是线性依次存储，而是自由指定地址进行数据读写。

图 2-71　SDRAM

（2）DDR。

DDR（Double Data Rate）即双倍速率同步动态随机存储器，如图 2-72 所示。所谓双倍是指在时钟脉冲的上升和下降沿都能进行数据传输，从而提高了数据的传输速率和内存带宽。

DDR 内存引脚采用 184 Pin，金手指上只有一个缺口，其工作电压为 2.5V，按工作频率又可以分为 DDR 200、DDR 266、DDR 333 和 DDR 400 几种。这种类型的内存主要应用于 Intel 公司的 Pentium Ⅳ、Pentium D、Celeron 和 Celeron D 系列，以及 AMD 公司的 Athlon、Athlon XP、Athlon 64 等系列产品上。

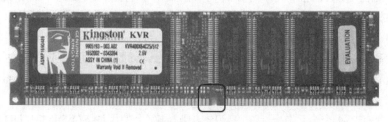

图 2-72　DDR

（3）DDR2。

DDR2（Double Data Rate 2）是由电子设备工程联合委员会提出的新一代的内存技术标准，它拥有两倍于 DDR 内存的预读取能力（即 4bit 数据预读取），如图 2-73 所示。也就是说，DDR2 内存在每个时钟能够以 4 倍外部总线速度进行数据的读写。

DDR2 内存引脚采用 240 Pin，金手指上也只有一个缺口，其工作电压为 1.8V，可细分为 DDR2 533、DDR2 667 和 DDR2 800 等不同型号。该类型的内存主要用于 Intel 公司的 Celeron Dual-Core、Pentium Dual-Core 和 Core 2 Duo 系列，以及 AMD 公司的速龙 2、羿龙 2 和速龙 64 等系列产品上。

图 2-73　DDR2

（4）DDR3。

DDR3 内存提供了比 DDR2 内存更高的数据读写速度、更低的工作电压及更大的容量。

它能够以 8bit 的速度进行数据的读写，如图 2-74 所示。

DDR3 内存引脚采用 240 Pin，金手指上也只有一个缺口，其工作电压为 1.5V，可细分为 DDR3 1333、DDR3 1600 和 DDR3 1800 等，主要配合四核 CPU 系列使用。

专家点拨：DDR、DDR2 和 DDR3 的缺口左端的长度分别为 59.21mm、61.86mm 和 53.88mm，在安装时一定要注意。

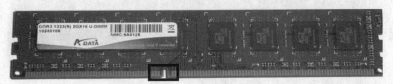

图 2-74　DDR3

（5）DDR4。

DDR4 如图 2-75 所示，相比 DDR3 最大的区别有三点：16bit 预存取机制（DDR3 为 8bit），同样内核频率下理论速度是 DDR3 的两倍；更可靠的传输规范，数据可靠性进一步提升；工作电压降为 1.2V，更节能。

DDR4 内存频率提升明显，可达 4266MHz，内存容量可达 128GB。原来内存的金手指都是直线型的，而在 DDR4 这一代，内存的金手指发生了明显的改变，那就是变得弯曲了，平直的内存金手指插入内存插槽后，受到的摩擦力较大，因此存在难以拔出和难以插入的情况，有时接触不良，为了解决这个问题，DDR4 将内存下部设计为中间稍突出、边缘缩进的形状。在中央的高点和两端的低点以平滑曲线过渡。这样的设计既可以保证 DDR4 内存的金手指和内存插槽触点有足够的接触面，还能在确保信号稳定的同时，让中间凸起的部分和内存插槽产生足够的摩擦力以稳定内存。

DDR4 内存有 284 个金手指触点，笔记本电脑内存上使用的 SO-DIMM DDR4 内存有 256 个触点，间距缩减到了 0.5 毫米，DDR4 内存的每个引脚都可以提供 2GB/s（256MB/s）的带宽。

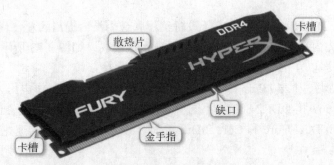

图 2-75　DDR4

DDR4 内存频率最高有可能达到 4266MHz，电压则有可能降至 1.05V。

2）按内存的适用类型分类

根据内存适用的计算机类型的不同，内存的产品特性也会有所不同。如普通台式机、笔记本电脑和服务器所用的内存不论在外部结构或性能上都是不一样的。

（1）普通台式机内存。

普通台式机上的内存一般采用 184 Pin 或 240 Pin 类型，这两种内存的价格相对于其他类型来说比较便宜。

（2）笔记本电脑内存。

笔记本电脑中使用的内存相对于普通台式机而言，在尺寸大小、稳定性和散热性等方面的要求要高得多，且价格也要高于普通台式机内存。目前笔记本电脑中使用的内存一般为200 Pin 或 240 Pin 类型，如图 2-76 所示。

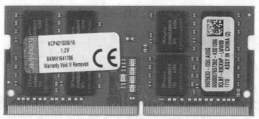

图 2-76　笔记本电脑内存

（3）服务器内存。

服务器内存具备许多普通 PC 内存没有的新技术，如 ECC、Chip Kill、Register、热插拔技术等，并且具有极高的稳定性和纠错能力。目前生产服务器内存的公司主要有三星、Kingston、IBM 等，如图 2-77 所示。

图 2-77　服务器内存

4．内存的性能指标

内存的性能指标包括存储速度、内存容量、CAS 延迟时间、内存带宽等。

1）存储速度

内存的存储速度用存取一次数据的时间来表示，单位为纳秒，记为 ns，1 秒=10 亿纳秒，即 1 纳秒=10^{-9} 秒。值越小，表明存取时间越短，速度就越快。目前，DDR 内存的存取时间一般为 6ns，而更快的存储器多用在显卡的显存上，如 5ns、4ns、3.6ns、3.3ns、2.8ns 等。

2）内存容量

内存容量是指内存存储信息的总量，是内存的关键参数之一。目前内存容量一般以 GB 为单位。内存容量越大系统运行速度越快，目前在台式机和笔记本电脑上安装的内存一般在

2GB 以上。如图 2-78 所示为金邦内存，容量为 2GB。

图 2-78　金邦内存

3）内存主频

内存主频是指内存芯片的最高工作频率，以 MHz 为单位。DDR2 800 内存的主频为 800MHz。如图 2-79 所示为主频 800MHz 的 DDR2 内存。

图 2-79　主频 800MHz 的 DDR2 内存

4）内存带宽

内存带宽是指内存中数据的传输速率，一般以 GB/s 为单位。内存数据带宽计算公式为：内存带宽＝内存最大主频×内存总线宽度/8。

例如，DDR2 800 的带宽就为 800×64/8=6.4GB/s。

5）工作电压

工作电压是指内存条在正常工作时所用的电压，如 DDR 内存的电压为 2.5V，DDR2 内存的电压为 1.8V，DDR3 内存的电压为 1.5V，一般主板内存插槽的给定电压不要超过内存工作电压。

6）延迟时间

延迟时间（CAS Latency，CL）是内存性能的重要指标之一。当 CPU 从内存读取数据时，读出数据之前有一个"缓冲期"，这个"缓冲期"就是延迟时间。内存的 CL 值越小，就表示内存在同一频率下工作速度越快，一般在内存条上都会标注延迟时间，如图 2-80 所示。

图 2-80　延迟时间

9.4.4 计算机维护人员的素质要求

从事计算机维护与维修的专业人员在实际工作中面对的不仅是计算机硬件本身，还需要面对技术更新与学习、故障发生原因的查询等多种问题。因此，从业人员不仅要有较强的专业能力，还需要与职业相关的综合素质。其相关素质的基本要求归纳如下。

（1）较高的信息素质和较强的自主学习能力。计算机技术更新快，硬件产品换代周期短，计算机维护与维修的技术与方法不断变化。这就要求计算机维护与维修的从业人员能及时了解计算机技术的发展趋势，并能在实际工作中不断总结经验、提高职业技能，适应社会需求，不断学习新的维护与维修技术。

（2）良好的人际沟通能力。就职业性质而言，计算机维护与维修属于服务行业，它直接服务于计算机用户，要更好地为客户提供服务，就要求从业人员具备良好的人际沟通能力。

（3）较佳的团队协作精神。每个计算机维护与维修从业人员能够轻松完成对某个硬件的某项简单维修，要钻研某项新的维修技术或进行大批量的设备维修时，从业人员的团队协作精神就显得至关重要了。

练 习 题

1. 熟记故障现象和原因。
2. 熟记计算机启动一条线。
3. 了解最小搭载法。
4. 整机维护有哪些要点？

附录　自检报警声含义

1. Phoenix BIOS 报警声

报 警 声	故 障	报 警 声	故 障
1短	系统启动正常	3短1短1短	DMA 寄存器错误
1短1短1短	系统加电初始化失败	3短1短2短	主 DMA 寄存器错误
1短1短2短	主板错误	3短1短3短	主中断处理寄存器错误
1短1短3短	CMOS 或电池失效	3短1短4短	从中断处理寄存器错误
1短1短4短	ROM BIOS 校验错误	3短2短4短	键盘控制器错误
1短2短1短	系统时钟错误	3短4短2短	显示错误
1短2短2短	DMA 初始化失败	3短4短3短	时钟错误
1短2短3短	DMA 页寄存器错误	4短2短2短	关机错误
1短3短1短	RAM 刷新错误	4短2短3短	A20 门错误
1短3短2短	基本内存错误	4短2短4短	保护模式中断错误
1短3短3短	基本内存错误	4短3短1短	内存错误
1短4短1短	基本内存地址线错误	4短3短3短	时钟 2 错误
1短4短2短	基本内存校验错误	4短3短4短	时钟错误
1短4短3短	EISA 时序器错误	4短4短1短	串行口错误
1短4短4短	EISA NMI 口错误	4短4短2短	并行口错误
2短1短1短	前 64KB 基本内存错误	4短4短3短	数字协处理器错误

2. AWARD BIOS 报警声

报 警 声	故 障	操 作 建 议
1短	系统正常启动	无
2短	常规错误	进入 CMOS 设置中修改，或直接加载默认设置
1长1短	内存或主板出错	重新插拔内存，否则更换内存或主板
1长2短	显卡或显示器错误	检查显卡
1长3短	键盘控制器错误	使用替换法检查
1长9短	主板 BIOS 损坏	尝试更换 Flash RAM

续表

报 警 声	故 障	操 作 建 议
持续长声响	内存问题	重新插拔内存，否则更换内存
持续短声响	电源、显示器或显卡未连接	重新插拔所有插头
重复短声响 无声音无显示	电源故障	更换电源

3. AMI BIOS 报警声

报 警 声	故 障	操 作 建 议
1 短	内存刷新失败	更换一条质量好的内存条
2 短	内存奇偶校验错误	进入 CMOS 设置，将内存 Parity 奇偶校验选项关掉，即设置为 Disabled
3 短	基本内存（第一个 64KB）失败	更换一条质量好的内存条
4 短	系统时钟出错	维修或直接更换主板
5 短	CPU 错误	检查 CPU，可用替换法检查
6 短	键盘控制器错误	更换键盘或检查主板
7 短	系统实模式错误	维修或直接更换主板
8 短	显卡错误	接触不良或更换显卡
9 短	ROMBIOS 检验错误	更换 BIOS 芯片
10 短	CMOS 寄存器读写错误	维修或更换主板
11 短	高速缓存错误	用替换法检查 CPU、主板、内存
1 长 3 短	内存错误	接触不良或更换内存
1 长 8 短	显卡测试错误	检查显示器数据线或显卡是否插牢

参 考 文 献

[1] 王保成. 计算机组装与维护. 北京：高等教育出版社，2016.
[2] 刘云霞. 计算机维护与维修. 北京：高等教育出版社，2014.
[3] 计算机组装与维护立体化教程. 北京：人民邮电出版社，2014.
[4] 计算机组装与维护实训教程. 北京：机械工业出版社，2014.